JN273493

図解
論理回路入門

堀 桂太郎 著

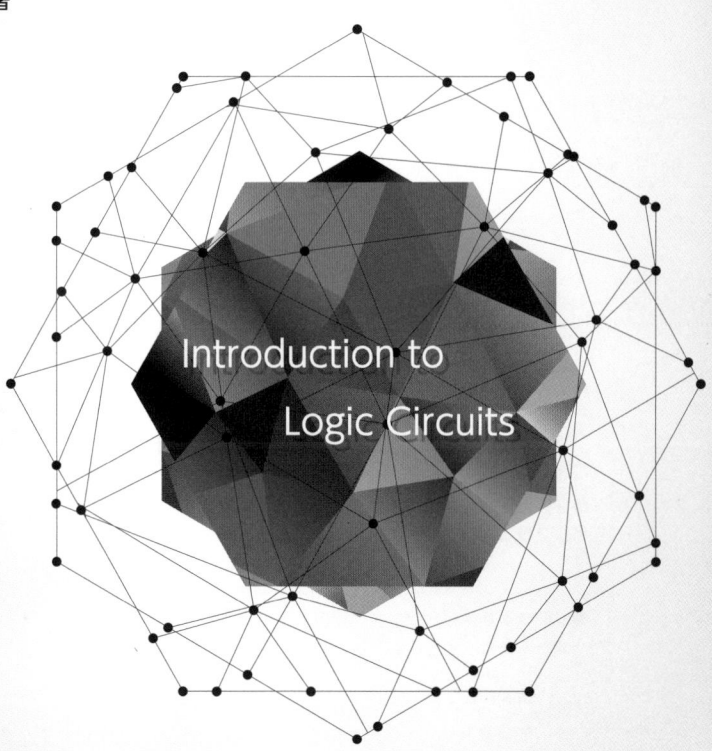

Introduction to
Logic Circuits

森北出版株式会社

●本書の補足情報・正誤表を公開する場合があります．当社 Web サイト（下記）で本書を検索し，書籍ページをご確認ください．
https://www.morikita.co.jp/

●本書の内容に関するご質問は下記のメールアドレスまでお願いします．なお，電話でのご質問には応じかねますので，あらかじめご了承ください．
editor@morikita.co.jp

●本書により得られた情報の使用から生じるいかなる損害についても，当社および本書の著者は責任を負わないものとします．

JCOPY 〈(一社)出版者著作権管理機構 委託出版物〉
本書の無断複製は，著作権法上での例外を除き禁じられています．複製される場合は，そのつど事前に上記機構（電話 03-5244-5088, FAX 03-5244-5089, e-mail: info@jcopy.or.jp）の許諾を得てください．

まえがき

　論理回路は，コンピュータの基礎となる重要な技術です．論理回路について学ぶ前に，その位置づけを確認しておきましょう．電気に関する回路は，電気回路と電子回路に大別できます．これらの違いは，使用する素子の種類で捉えることができます．電気回路では，主として抵抗，コンデンサ，コイルのような受動素子を用いた回路の振る舞いを考えます．一方の電子回路では，ダイオード，トランジスタ，IC などの能動素子を中心とした回路の動作を考えます．

　さらに，電子回路はアナログ回路とディジタル回路に分類できます．トランジスタを用いる例を挙げましょう．アナログ回路では，トランジスタの比例領域の特性を使用して増幅回路を構成するのが主ですが，ディジタル回路では飽和領域の特性を使用してスイッチング動作をさせるのが主となります．また，ディジタル回路は，アナログ回路のように複雑な計算を必要とする場面が多くありません．それは，"0" と "1" の 2 種類しかないデータを，ブール代数によって簡単化しながら扱うことができるからです．

　一般には，ブール代数などによって考える学問上の理論を論理回路，その理論を用いて構成する実際の回路をディジタル回路とよぶことが多いようです．また，アナログ回路との対比を意識してディジタル回路ということもあります．しかし，現実には，論理回路とディジタル回路は，同じ意味で使用されることが多く，両者を区別する必要はほとんどありません．本書の書名には，"論理回路" を使用しましたが，これを "ディジタル回路" に置き換えて考えても支障ありません．

　本書は，著者が長年，高専などで論理回路の講義を行ってきた経験をもとに執筆しました．わかった気分にさせて終わるのではなく，本質を理解してもらうことを念頭において執筆に取り組みました．また，学習しやすいように，本文中に関連する章末問題（↪章末問題 **1.1** など）の番号を記しました．学生や技術者の皆様が，本書によって論理回路の基礎をマスターされることを心から願っています．著者の力不足やケアレスミスなどによる誤記があれば，機会あるたびに修正していきますので，お気の付いた箇所がありましたら森北出版出版部までお知らせください．

　最後になりましたが，本書発行の機会を与えて頂いた森北出版の森北博巳社長，編集でお世話になった丸山隆一氏に心より感謝致します．

2015 年 5 月

国立明石工業高等専門学校
電気情報工学科
堀　桂太郎

目 次

第 1 章　2 進数　　1
- 1.1　n 進数　　1
- 1.2　基数変換　　2
- 1.3　補数　　7
- 1.4　2 進数による負の数の表現　　8
- 1.5　2 進化 10 進数　　9

第 2 章　論理回路　　12
- 2.1　論理演算　　12
- 2.2　ベン図　　17
- 2.3　ブール代数　　18

第 3 章　論理回路の設計　　23
- 3.1　論理式の求め方　　23
- 3.2　カルノー図　　25
- 3.3　クワイン・マクラスキー法　　31
- 3.4　論理回路設計の基礎　　33

第 4 章　ディジタル IC　　38
- 4.1　ゲート回路の基本　　38
- 4.2　汎用ディジタル IC　　41
- 4.3　ディジタル IC の使い方　　45

第 5 章　組み合わせ回路　　50
- 5.1　加算回路　　50
- 5.2　直並列加算回路　　54
- 5.3　データ変換回路　　58
- 5.4　データ選択回路　　64

第 6 章　フリップフロップ　　68
- 6.1　フリップフロップの構成　　68
- 6.2　RS フリップフロップ　　69
- 6.3　JK フリップフロップ　　72
- 6.4　D フリップフロップ　　76
- 6.5　T フリップフロップ　　78
- 6.6　フリップフロップの機能変換　　80
- ■コラム 1　早押し判定回路　　82

第 7 章　非同期式カウンタ　　85
- 7.1　カウンタの種類　　85
- 7.2　非同期式カウンタの設計　　87

第 8 章　同期式カウンタ　　93
- 8.1　同期式カウンタの設計　　93
- 8.2　シフトレジスタ　　97
- ■コラム 2　電子サイコロ回路　　101

第 9 章　順序回路　　103
- 9.1　順序回路の考え方　　103
- 9.2　順序回路の表現　　104
- 9.3　順序回路の設計　　106

第 10 章　パルス回路　　113
- 10.1　微分回路と積分回路　　113
- 10.2　マルチバイブレータ回路　　117
- 10.3　シュミット回路　　122
- 10.4　波形整形回路　　126

第 11 章　アナログ–ディジタル変換　　129
- 11.1　D-A 変換器　　129
- 11.2　A-D 変換器　　133
- ■コラム 3　オペアンプ　　140

第 12 章　プログラマブルロジックデバイス　　142
- 12.1　PLD の基礎　　142
- 12.2　PLD を用いた設計　　147

章末問題解答　　152
参考文献　　168
索　引　　169

1章 2進数

私たちは，日常的に10進数を使用しているが，論理回路では電圧の「低い，高い」を「0，1」に対応させる2進数を用いて回路の動作を考えるのが基本である．この章では，10進数と2進数および，16進数の考え方などを理解しよう．

1.1 n進数

1.1.1 n進数の考え方

表1.1に，**10進数**と**2進数**，**16進数**の対応を示す．

表1.1 各進数の対応

10進数	2進数	16進数	10進数	2進数	16進数
0	0	0	9	1001	9
1	1	1	10	1010	A
2	10	2	11	1011	B
3	11	3	12	1100	C
4	100	4	13	1101	D
5	101	5	14	1110	E
6	110	6	15	1111	F
7	111	7	16	10000	10
8	1000	8	17	10001	11

16進数では，9を超える数字を表すために，アルファベット大文字のA〜F，または小文字のa〜fを使用する．たとえば，16進数のFは，10進数の15に対応する．

1桁で表すことのできる最大数を確認すると，10進数は9，2進数は1，16進数はFである．これらの最大数から，さらに1を増加させると桁上がりを生じて，どの進数とも10となる．ただし，10の読み方は，10進数では「ジュウ」であるが，2進数と16進数では「イチゼロ」と棒読みする．

10進数は私たちの日常で，2進数は論理回路でよく使用する進数である．表1.1からもわかるように，たとえば10進数で2桁の12を表現する場合，2進数では1100となり，4桁が必要になってしまう．ところが，16進数では，1桁のCとして表現できる．このように，同じ大きさのデータであっても，10進数を2進数にすると，データの桁数が大きくなってしまうことが多い．また，2進数のように0と1が羅列するデータは，人にとっては扱いにくい．このため，10進数と2進数の仲介役として16進数

表 1.2 進数の表記例

10 進数 (decimal)	2 進数 (binary)	16 進数 (hexadecimal)
92D, 92d, $(92)_{10}$	1101B, 1101b, $(1101)_2$	5DH, 5dh, $(5D)_{16}$
$92_{(10)}$, $(92)_D$, $(92)_d$	$1101_{(2)}$, $(1101)_B$, $(1101)_b$	$5D_{(16)}$, $(5D)_H$, $(5D)_h$

を使用することが多い．進数を明示的にするためには，表 1.2 のような表記法がある．

1.1.2 情報量の単位

2 進数については，**桁** (digit) のことを**ビット** (bit) ともいう．n ビットで表現できるデータの数は，2^n で計算できる．たとえば，4 ビットで表現できるデータは，$2^4 = 16$ 通りである．これは，表 1.1 の 0000B〜1111B に対応している．

また，8 ビットを **1 バイト**（byte，または B）と表す．さらに，大きなバイトを表す場合には，表 1.3 のように，$10^3 = 1000$ または，$2^{10} = 1024$ を基本にした情報量の単位が JIS（日本工業規格）に示されている．10^3 を基本にする kB については，小文字の k を使用することに注意する．

表 1.3 情報量の単位

1000 を基本	1024 を基本
$10^3 B = 1 kB$（キロバイト）	$2^{10} B = 1024 B = 1 KiB$（キビバイト）
$10^6 B = 10^3 kB = 1 MB$（メガバイト）	$2^{20} B = 1024 KiB = 1 MiB$（メビバイト）
$10^9 B = 10^3 MB = 1 GB$（ギガバイト）	$2^{30} B = 1024 MiB = 1 GiB$（ギビバイト）
$10^{12} B = 10^3 GB = 1 TB$（テラバイト）	$2^{40} B = 1024 GiB = 1 TiB$（テビバイト）

↳ 章末問題 1.1

1.1.3 2 進数の計算

ここでは，2 進数の四則計算の例を確認してみよう．

(1) 加算
```
    1101B
+)  0101B
   10010B
```

(2) 減算
```
    1101B
-)  1010B
    0011B
```

(3) 乗算
```
      1100B
×)    0110B
      1100
+)   1100
   1001000B
```

(4) 除算
```
           0011B
   100B ) 1100B
       -) 100
          0100
        -) 100
             0
```

↳ 章末問題 1.2

1.2 基数変換

1.2.1 基数

桁の重みの基本となる数を**基数** (radix) という．たとえば，10 進数において，桁が

一つ上がるにつれて数値は 10 倍の重みをもっている．つまり，10 進数の基数は，10 である．同様に，2 進数の基数は 2，16 進数の基数は 16 である．ここでは，ある基数を用いて表された数値を異なる基数を用いて表す方法について理解しよう．このような変換を**基数変換**という（図 1.1）．

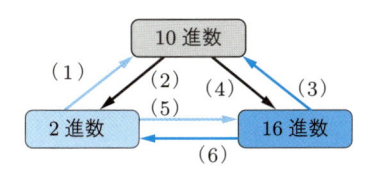

図 1.1　基数変換の例

1.2.2　基数変換の方法
（1）2 進数から 10 進数への基数変換

たとえば，10 進数の 329D は，図 1.2 のように考えることができる．各桁の数値に，その桁の重み (10^2, 10^1, 10^0) を乗じた値の和が，329D となる．

図 1.3 は，2 進数の 1101B について，図 1.2 と同様にしてビット（桁）の重みを考えた例である．

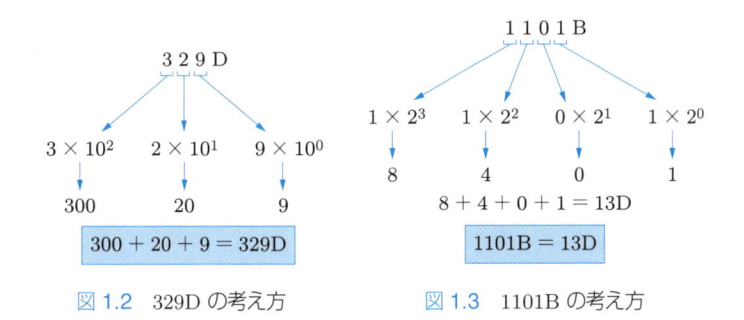

図 1.2　329D の考え方　　　図 1.3　1101B の考え方

上記のように考えれば，2 進数を 10 進数に基数変換することができ，1101B=13D となる．また，2 進数の場合は，ビットの値が 0 か 1 のどちらかであるから，値が 1 のビットについてのみ，対応する重みを考えて和を求めればよい．図 1.4 に，2 進数を 10 進数に基数変換する例を示す．

（2）10 進数から 2 進数への基数変換

図 1.5 に示すように，10 進数を 2 で割ることを，商が 0 になるまで続ける．そして，余りを下から拾って並べると，10 進数を 2 進数に基数変換した値が得られる．この際，一番下の余りが 2 進数の**最上位ビット**（**MSB**: most significant bit），一番上の余りが**最下位ビット**（**LSB**: least significant bit）となることに注意する．

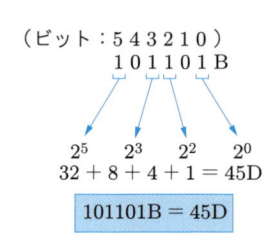

```
（ビット：5 4 3 2 1 0）
       1 0 1 1 0 1 B
```

$2^5 \quad 2^3 \quad 2^2 \quad 2^0$
$32 + 8 + 4 + 1 = 45D$

101101B = 45D

図 1.4　2進数を10進数に基数変換する例

```
2) 29D        余り
2) 14  …… 1   ↑最下位ビット（LSB）
2)  7  …… 0
2)  3  …… 1
2)  1  …… 1
    0  …… 1   最上位ビット（MSB）
```

29D = 11101B

図 1.5　10進数を2進数に基数変換する例

(3) 16進数から10進数への基数変換

16進数を10進数に基数変換する考え方は，2進数を10進数に変換する手順（図1.3，図1.4）と同じである．すなわち，各桁の値に，それぞれの桁の重みを乗じて，和を求めればよい．図1.6に，基数変換の例を示す．

(4) 10進数から16進数への基数変換

10進数を16進数に基数変換する考え方は，2進数を10進数に変換する手順（図1.5）と同じである．すなわち，10進数を16で割ることを，商が0になるまで続ける．そして，余りを下から拾って並べる．この際，余りが10～15の値になった場合には，16進数表示のA～Fに置き換えることに注意する．図1.7に，基数変換の例を示す．

```
           4 B F H
4 × 16²   B × 16¹   F × 16⁰
          11 × 16¹  15 × 16⁰
1024      176       15
    1024 + 176 + 15 = 1215D
```

4BFH = 1215D

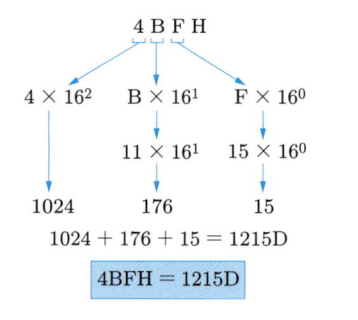

図 1.6　16進数を10進数に基数変換する例

```
16) 319D        余り
16)  19  …… 15 = F  ↑最下位桁
16)   1  ……… 3
      0  ……… 1      最上位桁
```

319D = 13FH

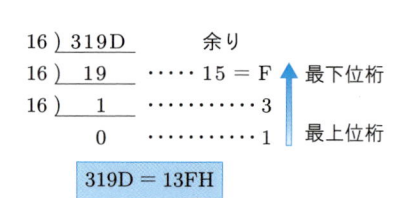

図 1.7　10進数を16進数に基数変換する例

(5) 2進数から16進数への基数変換

16進数の1桁で表すことのできる数は，10進数の0D～15Dである．同じ数を2進数で表すと0000B～1111Bとなり，4ビットが必要となる．言い換えると，2進数の4ビットは，16進数の1桁に対応していると考えられる．また，2進数の4ビットの重みは，図1.8に示すように，MSBから順位に8，4，2，1となる．

2進数を16進数に基数変換するには，2進数をLSBから4ビット毎に区切ってい

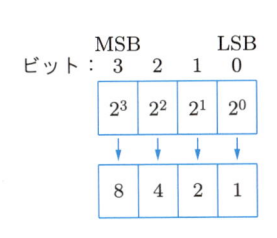

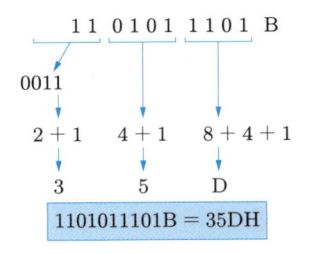

図 1.8　2 進数 4 ビットの重み　　図 1.9　2 進数を 16 進数に基数変換する例

き，各区切りの中でビットの重みを考慮して 16 進数 1 桁にしていけばよい．図 1.9 に，基数変換の例を示す．

(6) 16 進数から 2 進数への基数変換

16 進数を 2 進数に基数変換するには，図 1.9 と逆の手順を実行すればよい．すなわち，16 進数の 1 桁を 2 進数の 4 ビットに置き換えていく．図 1.10 に，基数変換の例を示す．

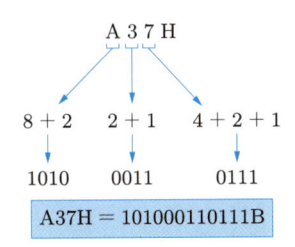

図 1.10　16 進数を 2 進数に基数変換する例

↳ 章末問題 1.3

1.2.3　小数部の基数変換

これまで，整数部の基数変換について学んだ．ここでは，2 進数と 10 進数を例にして，**小数部の基数変換**について説明する．

2 進数の小数部を 10 進数に基数変換するには，図 1.11 に示すように，2 進数の小数第 1 位から順に 2^{-1}, 2^{-2}, 2^{-3}, 2^{-4}, $\cdots$ のように重みを考えていけばよい．図 1.12 に，基数変換の例を示す．

10 進数の小数部を 2 進数に基数変換するには，図 1.13 に示すように，10 進数の小数部を 2 倍して，整数部へ桁上がりがなければ 0，あれば 1 を記録していく．また，桁上がりが生じた場合には，1 を引いて，さらに 2 倍する手順を続ける．そして，10 進数の小数部が 0 になったとき，記録した桁上がり有無の数値を上から並べれば 2 進数に基数変換した結果となる．

ビット：3 2 1 0 −1 −2 −3 −4

… | 2^3 | 2^2 | 2^1 | 2^0 | . | 2^{-1} | 2^{-2} | 2^{-3} | 2^{-4} | …

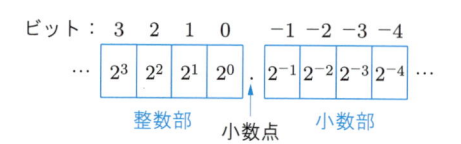

整数部　小数点　小数部

図 1.11　2 進数の整数部と小数部の重み

ビット：3 2 1 0 −1 −2 −3 −4
　　　　1 0 1 0 . 1 0 1 1 B

2^3　2^1　　2^{-1}　2^{-3}　2^{-4}
8　　2　　0.5　0.125　0.0625

$(8+2) + (0.5 + 0.125 + 0.0625) = 10.6875D$

1010.1011B = 10.6875D

図 1.12　小数部をもつ 2 進数を 10 進数に基数変換する例

【例】0.8125D　　　　桁上がり
$0.8125 \times 2 = 1.625 \cdots\cdots 1 \cdots 1.625 - 1 = 0.625$
$0.625 \times 2 = 1.25 \cdots\cdots 1 \cdots 1.25 - 1 = 0.25$
$0.25 \times 2 = 0.5 \cdots\cdots\cdots 0$
$0.5 \times 2 = 1.0 \cdots\cdots\cdots 1 \cdots 1.0 - 1 = 0$（終了）

0.8125D = 0.1101B

図 1.13　10 進数の小数部を 2 進数に基数変換する例

↳ 章末問題 1.4

1.2.4　丸め誤差

図 1.13 は，2 倍した 10 進数の小数部がやがて 0 になる例であった．しかし，いつもこのように基数変換できるとは限らない．たとえば，図 1.14 に示すように，0.1D を 2 進数に基数変換すると，同じ手順の繰り返しになり収束しない．この例では，2 進数の小数点以下第 2 位から 0011 が連続する**循環小数**となる．

このような場合は，状況によって要求されるビット数を使用し，それ以外の小数値は切り捨てざるを得ない．これにより生じる誤差を**丸め誤差**（rounding error）という．

【例】0.1D　　　　桁上がり
$0.1 \times 2 = 0.2 \cdots\cdots 0$
$0.2 \times 2 = 0.4 \cdots\cdots 0$
$0.4 \times 2 = 0.8 \cdots\cdots 0$
$0.8 \times 2 = 1.6 \cdots\cdots 1 \cdots 1.6 - 1 = 0.6$
$0.6 \times 2 = 1.2 \cdots\cdots 1 \cdots 1.2 - 1 = 0.2$
$0.2 \times 2 = 0.4 \cdots\cdots 0$
$0.4 \times 2 = 0.8 \cdots\cdots 0$
　　　　　⋮

繰り返す

$0.1D = 0.0001100110011\cdots B = 0.0\dot{0}0\dot{1}\dot{1}B$

図 1.14　0.1D を 2 進数に基数変換する例

このように，コンピュータなどで 10 進数を 2 進数として表示する場合には，丸め誤差が生じることに十分注意しなければならない． ↳章末問題 1.4 **(2)**

1.3 補数

1.3.1 補数とは

ある自然数に数値を加算して，もとの自然数を 1 桁増やすことを考える．このときに加算する最小の数値を，その基数の**補数** (complement) という．たとえば，54D では，46D を加算すると 1 桁増えて 100D となるため，54D の 10（基数）の補数は 46D であることがわかる．2 進数についても同様に考えることができる．

1.3.2 補数の求め方

ここでは，図 1.15 に示すように，2 進数 1100B を例にして，補数を求める手順を説明する．

■□ **2 進数の 2 の補数を求める手順** ■□

手順 1　もとの 2 進数 1100B の各ビットを反転する．反転とは，0 なら 1，1 なら 0 に変換することである．この手順で得られた数値 0011B を 2 進数に対する **1 の補数**という．

手順 2　1 の補数 0011B に 1 を加算すると，**2 の補数**が得られる．この例では，0100B が 2 の補数である．

```
  1100B ···· もとの 2 進数
  ↓↓↓↓    各ビットを反転する
  0011  ····（1 の補数）
+)     1    1 を加算する
  0100B ····（2 の補数）
```

図 1.15　2 進数の 2 の補数を求める例

もとの 4 ビットの 2 進数を $B_3B_2B_1B_0$ とすれば，1 の補数と 2 の補数は，以下のように考えることができる．

$B_3B_2B_1B_0 + X_3X_2X_1X_0 = 1111$ となる $X_3X_2X_1X_0$ は，1 の補数である．

$B_3B_2B_1B_0 + Y_3Y_2Y_1Y_0 = 10000$ となる $Y_3Y_2Y_1Y_0$ は，2 の補数である．

2 進数の 2 の補数は，後で学ぶように，負の数を表したり，減算を加算として計算したりする場合に利用される． ↳章末問題 **1.5**

1.4　2進数による負の数の表現

1.4.1　補数を用いた負の数の表現

私たちは，数値にマイナス（−）の記号をつけて**負の数**を表す．しかし，論理回路では，0と1の区別しかできないために，マイナスの表現を工夫する必要がある．この工夫の一つに，2の補数を用いる方法がある．たとえば，正と負の値を考えた4ビットの2進数を，表1.4のように，10進数と対応させる．

4ビットでは，$2^4 = 16$通りのデータを表現できるために，すべてのデータを0と正の10進数に対応させれば，0〜+15の数値が表現できる．しかし，表1.4では，負の数にも割り当てを行っているので，10進数の−8〜+7に対応している．このように割り当てのルールを決めれば，0と1を使って，正と負の数値を扱うことができる．

表1.4　10進数と2進数の対応

10進数	2進数	10進数	2進数
−8	1000	0	0000
−7	1001	+1	0001
−6	1010	+2	0010
−5	1011	+3	0011
−4	1100	+4	0100
−3	1101	+5	0101
−2	1110	+6	0110
−1	1111	+7	0111

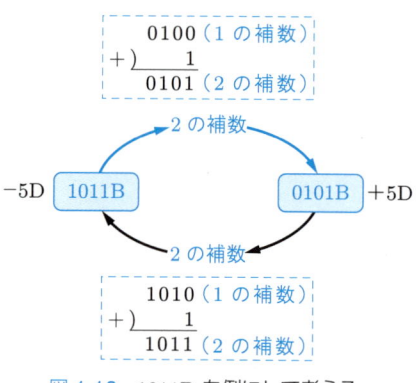

図1.16　1011Bを例にして考える

1.4.2　表現した数の性質

図1.16に示すように，表1.4で10進数の−5Dに割り当てた2進数の1011Bを例にして考える．

1011Bの2の補数を求めると，0101Bになる．この0101Bは+5Dに対応しており，もとの−5Dの符号を正に変更した値である．さらに，+5Dに対応した0101Bの2の補数を求めると1011Bになる．これは−5Dに対応しており，もとの+5Dの符号を負に変更した値である．このように，表1.4のような割り当ての特徴は，ある数値の2の補数を求めると，もとの数値の正負が入れ替わることである．また，この割り当ては，2進数のMSBによって，正負の判定（0なら正または0，1なら負）が可能である．ここでは，4ビットの例を用いて説明したが，たとえば，16ビットを使っ

た割り当てなら，$2^{16} = 65536$ より，-32768〜$+32767$ までの正負の数値を扱える．正の数値が，32768 より 1 だけ少ないのは，0 の割り当て分を差し引いたためである．

↳ 章末問題 1.6

1.4.3 減算と加算

表 1.4 のように，2 の補数を使った正と負の表現を用いた場合は，2 進数の **減算** を加算として計算することができる．次に，0100B − 0110B を例にした計算を示す．

（減算） 0100B − 0110B = 0100B − (−0110B の 2 の補数)

（加算） 0100B + (0110B の 2 の補数) = 0100B + 1010B = 1110B

2 の補数を求めれば，符号が入れ替わることを利用して，0100B + 1010B の加算を計算することでもとの減算の解を得ることができる．この例で注意すべきは，4 ビットでの割り当てを前提としているため，加算結果も 4 ビットを採用することである．つまり，上記における加算結果が 5 ビットになった場合には，MSB の 1 を切り捨てる．2 の補数を利用すれば，コンピュータの演算回路において，加算回路によって減算も計算できることになる．これについては，第 5 章で学ぶ．

↳ 章末問題 1.7

1.5 | 2 進化 10 進数

1.5.1 10 進数と 2 進化 10 進数

10 進数の 1 桁を 2 進数の 4 ビットに対応させて表現した数値を **2 進化 10 進数** (**BCD**: binary coded decimal) という．表 1.5 に，10 進数と 2 進化 10 進数の対応例を示す．

表 1.5 10 進数と 2 進化 10 進数の対応

10 進数	2 進化 10 進数	10 進数	2 進化 10 進数	10 進数	2 進化 10 進数
0	0000 0000	6	0000 0110	12	0001 0010
1	0000 0001	7	0000 0111	13	0001 0011
2	0000 0010	8	0000 1000	14	0001 0100
3	0000 0011	9	0000 1001	15	0001 0101
4	0000 0100	10	0001 0000	16	0001 0110
5	0000 0101	11	0001 0001	17	0001 0111

2 進化 10 進数の特徴は，上位 4 ビットへの桁上がりを 10 進数と同じタイミングで行うことである．表 1.5 では，10 進数が 10 になる際に，2 進化 10 進数が上位 4 ビットに桁上がりを行っている．

1.5.2 2進化10進数の特徴

2進化10進数では，4ビットの0000～1001までしか使用しないため，同じビット数であれば2進数よりも表現できる数値範囲が狭くなってしまう．一方，10進数を1桁毎に4ビットの2進数に対応させて表現するために，10進数の小数部を2進化10進数で表現すれば，誤差を生じない利点がある．たとえば，p.6の図1.14で扱ったように，0.1Dを2進数で表現すると丸め誤差を生じてしまう．しかし，2進化10進数では，0000.0001として誤差なく表現できる．2進化10進数であることを明示的にするためには，0000.0001BCDや(0000.0001)$_{BCD}$などの表記法がある．また，2進化10進数の桁については，2進数に準じて，ビットとよぶのが一般的である．

↳ 章末問題 1.8, 1.9

■ 章末問題 1

1.1 次のB（バイト）で表された数値を，指定した単位で表しなさい．ただし，小数部をもつ場合は，小数点以下第2位を四捨五入すること．
  （1）64B　（bit）   （2）100,000B　（kB, KiB）
  （3）5,000,000,000B　（GB, GiB） （4）640MB　（MiB）

1.2 次の四則計算をしなさい．ただし，数値は正の値とし，2進数のままで計算すること．
  （1）1000 1100B ＋ 0110 0101B （2）1000 1100B − 0101 0111B
  （3）1000 1100B × 0101B   （4）1000 1100B ÷ 0001 0100B

1.3 表1.6の（1）～（8）に当てはまる数値を求めなさい．ただし，数値は正の値とし，表の列（縦）には，大きさの等しい値が並んでいるものとする．

表1.6 基数変換

2進数	（1）	1101 1100B	（5）	（7）
10進数	140D	（3）	（6）	10.0625D
16進数	（2）	（4）	BE9H	（8）

1.4 次の基数変換をしなさい．ただし，数値は正の値である．
  （1）1100.1101B → 10進数 （2）49.3D → 2進数

1.5 次の2進数の1の補数と2の補数を求めなさい．
  （1）0001 1011B （2）1010 1100B

1.6 次の数値を8ビットの2進数に変換しなさい．ただし，2の補数を用いた正または，負の表現にすること．
  （1）79D （2）105D （3）−105D （4）−6AH

1.7 次の減算を加算として計算しなさい．ただし，数値は8ビットの2の補数を用いた正または，負の値である．
  （1）0100 0111B − 0010 0101B （2）0010 1010B − 0101 1101B

1.8 次の数値を 2 進化 10 進数で表しなさい．
　　（1）59D　　（2）14.32D
1.9 2 進数と 2 進化 10 進数において，0 から始めて，8 ビットで表現できる正の整数の最大範囲をそれぞれ 10 進数で答えなさい．

2章 論理回路

　論理回路は，"論理演算を行う回路"である．また，ディジタル回路は，アナログ回路との対比を意識して，"ディジタル信号を扱う回路"であると考えられる．しかし，実際には，論理回路とディジタル回路を明確に区別するのは困難であるため，同じ意味で使用することが多い．この章では，論理回路の基本的として，論理演算や論理式，真理値表，ブール代数の諸定理などについて学ぶ．

2.1 論理演算

2.1.1 主な論理演算

　ここでは，図 2.1 に示すように，演算を**算術演算**と**論理演算**に大別して考える．

演算 ─┬─ 算術演算　　$+, -, \times, \div$
　　　└─ 論理演算　　AND, OR, NOT

図 2.1　算術演算と論理演算

　算術演算は，私たちが日常で使用している加減乗除を主とする演算である．もう一方の論理演算は，論理回路における二値 (0,1) に対する演算であり，**AND**, **OR**, **NOT** などの演算子がある．表 2.1 に，主な論理演算をまとめて示す．

　表 2.1 で用いた入力変数 A, B や出力変数 F のように，"0" または，"1" の値をと

表 2.1　主な論理演算

演算子	AND（論理積）	OR（論理和）	NOT（論理否定）
論理式	$F = A \cdot B$	$F = A + B$	$F = \overline{A}$
真理値表	A B F 0　0　0 0　1　0 1　0　0 1　1　1	A B F 0　0　0 0　1　1 1　0　1 1　1　1	A F 0　1 1　0
MIL 図記号	A, B → F (AND)	A, B → F (OR)	A → F (NOT)
JIS 図記号	A, B → & → F	A, B → ≥1 → F	A → 1 →○ F

る変数を**論理変数**という．また，論理演算の入力と出力の関係を示した表を**真理値表** (truth table) という．算術演算は演算によって桁上がりや桁借りを生じることがあるが，論理演算はそれらを生じない．このため，論理演算のORは算術演算と異なり，$1+1=1$ となることに注意する． ↳章末問題 2.1

2.1.2 論理演算とスイッチ回路

図 2.2 の**スイッチ回路**は，表 2.1 に示した論理演算の入力 A, B にスイッチ，出力 F にランプを対応させている．また，スイッチを開くことを "0"，閉じることを "1"，ランプの消灯を "0"，点灯を "1" と考える．図 (a) の AND は，すべてのスイッチを閉じたときだけランプが点灯する．図 (b) の OR は，少なくとも 1 個のスイッチを閉じればランプが点灯する．このため，AND を「かつ」，OR を「または」と考えることができる．図 (c) の NOT は，操作したときに接点が開く**ブレーク接点**（b 接点）のスイッチを使用した回路であり，スイッチを操作していないときにランプが点灯する．

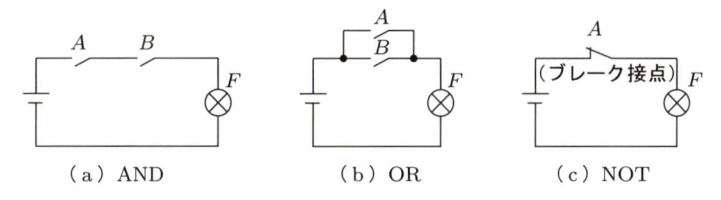

図 2.2　論理演算とスイッチ回路

↳章末問題 2.2, 2.3

2.1.3 多入力の論理演算

AND と OR の入力は 2 変数以上であり，NOT の入力は 1 変数である．また，AND，OR，NOT の出力はすべて 1 変数となる．図 2.3 に，多入力の例として，3 入力の AND と OR の論理式，図記号，真理値表を示す．

図 2.3 に示したように，真理値表の入力 (A,B,C) は，すべてのビットを "0" とした

$F = A \cdot B \cdot C$

A	B	C	F
0	0	0	0
0	0	1	0
0	1	0	0
0	1	1	0
1	0	0	0
1	0	1	0
1	1	0	0
1	1	1	1

(a) AND

$F = A + B + C$

A	B	C	F
0	0	0	0
0	0	1	1
0	1	0	1
0	1	1	1
1	0	0	1
1	0	1	1
1	1	0	1
1	1	1	1

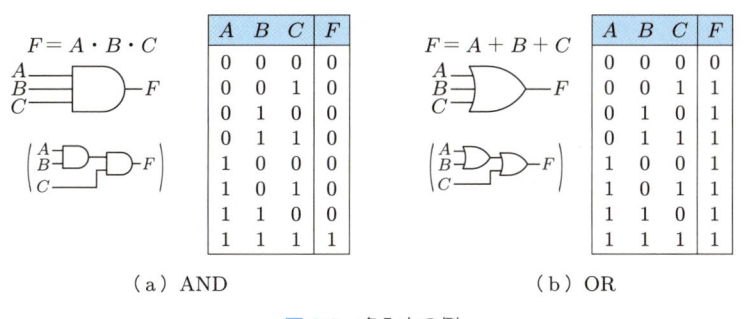

(b) OR

図 2.3　多入力の例

$(0,0,0)$ から始めて，$(0,0,1 \to 0,1,0 \to 0,1,1)$ のように 1 ずつカウントアップしていき，すべてのビットが "1" の $(1,1,1)$ になるまでの順で記載するのが原則である．また，本書では，論理変数 A，B，C などを入力，F を出力として用いることを基本にする．

2.1.4 各種の論理演算

表 2.2 は，表 2.1 に示した以外の各種論理演算の例である．表 2.2 のすべての論理演算は，AND，OR，NOT 演算を組み合わせることでも構成できる．たとえば，NAND の先頭文字 N は NOT を意味しており，AND に NOT を付加した演算が NAND である．

表 2.2　各種の論理演算の例

演算子	NAND（否定論理積）	NOR（否定論理和）	EX-OR（排他的論理和）	EX-NOR（否定排他的論理和）
論理式	$F = \overline{A \cdot B}$	$F = \overline{A + B}$	$F = A \oplus B$ $(F = \overline{A} \cdot B + A \cdot \overline{B})$	$F = \overline{A \oplus B}$ $(F = \overline{\overline{A} \cdot B + A \cdot \overline{B}})$
真理値表	A B F 0　0　1 0　1　1 1　0　1 1　1　0	A B F 0　0　1 0　1　0 1　0　0 1　1　0	A B F 0　0　0 0　1　1 1　0　1 1　1　0	A B F 0　0　1 0　1　0 1　0　0 1　1　1
MIL 図記号	(NAND ゲート)	(NOR ゲート)	(EX-OR ゲート)	(EX-NOR ゲート)

図 2.4 に，AND，OR，NOT を使用して NAND および，EX-OR (exclusive-OR) を構成した例を示す．

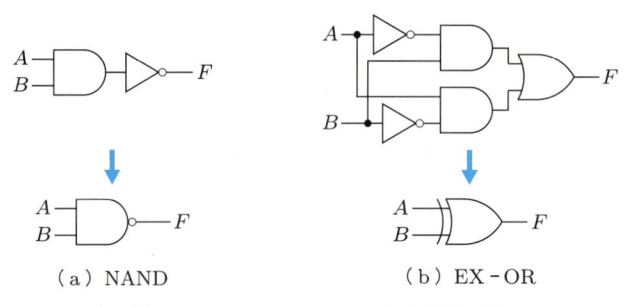

（a）NAND　　　（b）EX-OR

図 2.4　AND，OR，NOT による構成例

↳ 章末問題 2.4，2.5

2.1.5　バッファ回路

図 2.5(a) は，論理肯定とよばれる論理演算である．論理肯定を実行する回路は，**バッファ (buffer) 回路**ともよばれ，入力と出力の論理値が変化しない．つまり，論理演算としては，何も機能しないことになるが，実際の回路では，電圧降下を防ぐために配線の間に挿入したり，大きな電流を取り出したりするときなどに使用される．

図 2.5(b) は，**3 ステートバッファ (3-state buffer)** または，**トライステートバッファ (tri-state buffer)** とよばれる機能である．これは，端子 G（ゲート）に有効な信号が入力されると論理肯定，すなわち $F = A$（導通）となり，そうでないときは，出力 F が**ハイインピーダンス**（非導通）となる．出力が，"0"，"1"，"ハイインピーダンス" の 3 状態のいずれかになるために，3 ステートバッファとよばれる．3 ステートバッファは，ある回路を接続したり，切り離したりする場合などに使用される．

(a) 論理肯定

(b) 3 ステートバッファ

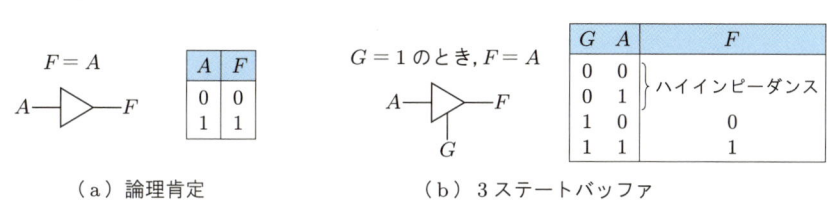

図 2.5　論理肯定と 3 ステートバッファ

2.1.6　論理式と論理回路

これまで学んだ論理演算を行う部品を，**論理素子**という．論理素子は，入力された二値信号に対して，何らかの処理を行って出力するため，信号が通過する門に例えて，**ゲート (gate) 回路**ともよばれる．

NAND ゲートや EX-OR ゲートが，AND, OR, NOT ゲートの組み合わせで実現できたように，論理素子を複数組み合わせることで，ある目的の処理を行う論理回路を構成することができる．図 2.6 に，EX-OR 演算を行う論理回路の構成例と，各部の信号に対応する**論理式**を示す．

図 2.7 に示す EX-OR の論理式では，**演算の優先順位**を ①　NOT，②　AND，

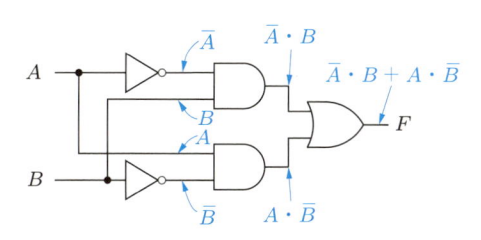

図 2.6　論理回路の構成例 (EX-OR)

図 2.7　論理演算の優先順位例

2.1　論理演算

③ OR の順で考える．

図 2.6 は，論理式と論理回路が互いに対応していることを示していた．さらに一例を挙げれば，論理式 $F = A \cdot B + \overline{B \cdot C} + A \oplus \overline{C}$ を論理回路と真理値表で表すと，図 2.8 のようになる．

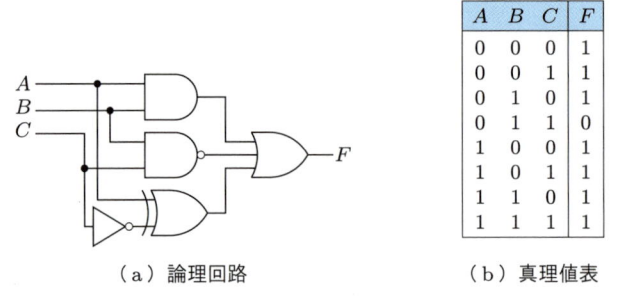

（a）論理回路

A	B	C	F
0	0	0	1
0	0	1	1
0	1	0	1
0	1	1	0
1	0	0	1
1	0	1	1
1	1	0	1
1	1	1	1

（b）真理値表

図 2.8　$F = A \cdot B + \overline{B \cdot C} + A \oplus \overline{C}$

↳章末問題 **2.6**，**2.7**

論理素子の入力や出力に接続された 1 個の NOT ゲートは，図 2.9(a) のように論理素子に接した ○ で表記することができる．ただし，図 (b) のように，○ を連続して並べて表記することはできない．

（a）正しい例　　　（b）悪い例

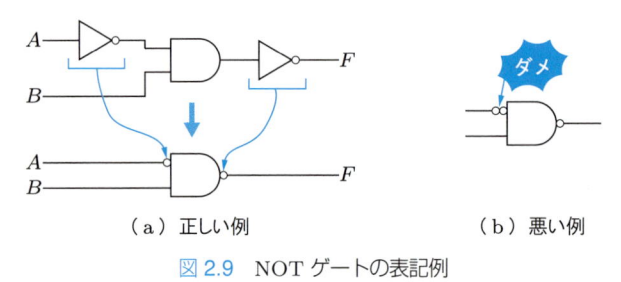

図 2.9　NOT ゲートの表記例

2.1.7　正論理と負論理

論理回路において，ある機能を動作させるための信号が "1" であることを**正論理**，"0" であることを**負論理**という．たとえば，図 2.10(a) は，端子 A に "1" が入力された場合に機能 f が動作する回路であり，正論理で動作すると考えられる．一方，図 (b)

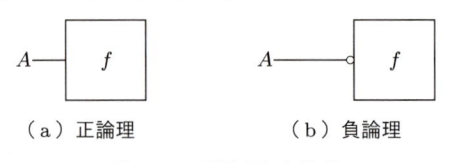

（a）正論理　　　（b）負論理

図 2.10　正論理と負論理

は，端子 A に "0" が入力された場合に機能 f が動作する回路であり，負論理で動作すると考えられる．

または，電圧の L (**ローレベル**) と H (**ハイレベル**) を，論理信号の "0" と "1" に，L→"0"，H→"1" と割り当てることを正論理，その逆の割り当てを負論理と考えることもある．

2.2 ベン図

2.2.1 変数のベン図

ベン図 (Venn diagram) は，イギリスの数学者ジョン・ベン (1834〜1923) によって考案された．ベン図を用いれば，論理回路を視覚的に表現することができる．図 2.11 に，1 変数 (A) のベン図を示す．

(a) $F = A$ (b) $F = \overline{A}$

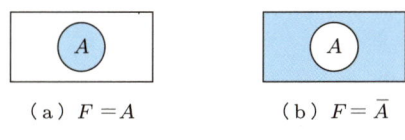

図 2.11　1 変数のベン図

図 2.11 において，四角形は全体領域を表し，その全体領域の中に円で表された論理変数 A の部分領域が存在している．図 (a) では，青色で示された領域が A であるため，出力変数を F とすれば，このベン図は，$F = A$ を表していると考える．また，図 (b) では，青色で示された領域が A を除外した部分であるため，このベン図は，$F = \overline{A}$ を表していると考える．このように，ベン図では，アミ掛け（この例では，青色）の部分が，論理回路の出力を表している．

2.2.2　2 変数のベン図

図 2.12 に，2 変数 (A,B) のベン図の例を示す．考え方は，1 変数のベン図と同様である．図 (c) のように，A と B が重なった領域は AND 演算した結果に対応し，図 (d) のように，A と B のすべてを合わせた領域は OR 演算した結果に対応する．また，図 (e) は A と $\overline{B}$ の重なった領域 (AND) を表し，図 (f) は $\overline{A}$ と B を合わせた領域 (OR) を示している．

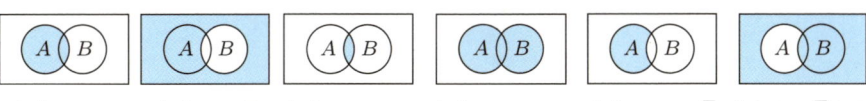

(a) $F = A$　(b) $F = \overline{B}$　(c) $F = A \cdot B$　(d) $F = A + B$　(e) $F = A \cdot \overline{B}$　(f) $F = \overline{A} + B$

図 2.12　2 変数のベン図の例

2.2.3　3変数のベン図

図2.13に，3変数 (A,B,C) のベン図の例を示す．考え方は，これまでと同様である．ベン図を用いれば，用いる論理変数のどのような論理演算でも，その結果に対応する領域を示すことができる．

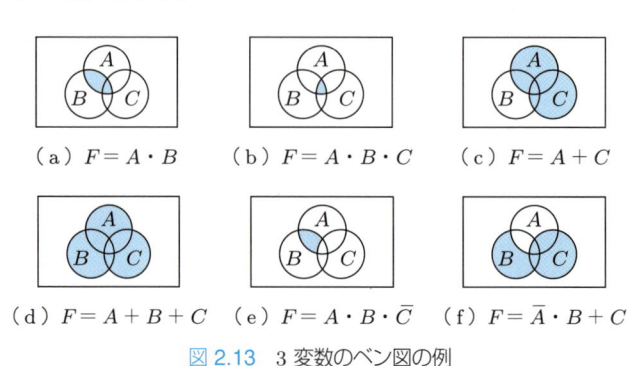

（a）$F = A \cdot B$　　（b）$F = A \cdot B \cdot C$　　（c）$F = A + C$

（d）$F = A + B + C$　　（e）$F = A \cdot B \cdot \overline{C}$　　（f）$F = \overline{A} \cdot B + C$

図 2.13　3変数のベン図の例

4変数以上のベン図を考えることもできるが，論理変数が多くなってくると，ベン図が複雑になり描きにくくなるため，変数の数には限度があろう．↳章末問題 2.8, 2.9

2.3　ブール代数

2.3.1　ブール代数の諸定理

ブール代数 (Boolean algebra) は，イギリスの論理学者かつ，数学者であったジョージ・ブール (1815〜1864) によって考案された．この手法は，ある命題が正しい (**真**：true) か，正しくない (**偽**：false) かを数学的に解析するために考案されたが，論理回路においてもたいへん有効な手法である．表2.3に，ブール代数の諸定理を示す．これらの定理を用いれば，論理回路をより簡単に構成できることが多い．

2.3.2　ブール代数諸定理の証明

ブール代数の諸定理は，真理値表やベン図などを使用して証明することができる．ここでは，いくつかの証明例を示す．

（1）**吸収の法則**　　$A + \overline{A} \cdot B = A + B$

図2.14に示すように，論理式の両辺の真理値表の値はすべて一致している．このため，左辺と右辺は等しいことが証明された．

（2）**ド・モルガンの定理**　　$\overline{A + B} = \overline{A} \cdot \overline{B}$

図2.15に示すように，論理式の両辺のベン図が示す青色の領域は一致している．こ

表 2.3 ブール代数の諸定理

名称	公式	名称	公式
公理	$1 + A = 1$ $0 \cdot A = 0$	結合の法則	$A + (B + C) = (A + B) + C$ $A \cdot (B \cdot C) = (A \cdot B) \cdot C$
恒等の法則	$0 + A = A$ $1 \cdot A = A$	分配の法則	$A \cdot (B + C) = A \cdot B + A \cdot C$ $(A + B) \cdot (A + C) = A + B \cdot C$
同一の法則	$A + A = A$ $A \cdot A = A$	吸収の法則	$A \cdot (A + B) = A$ $A + A \cdot B = A$ $A + \overline{A} \cdot B = A + B$ $\overline{A} + A \cdot B = \overline{A} + B$
補元の法則	$A + \overline{A} = 1$ $A \cdot \overline{A} = 0$		
復元の法則	$\overline{\overline{A}} = A$	ド・モルガンの定理	$\overline{A \cdot B} = \overline{A} + \overline{B}$ $\overline{A + B} = \overline{A} \cdot \overline{B}$
交換の法則	$A + B = B + A$ $A \cdot B = B \cdot A$		

左辺

A	B	$\overline{A}$	$\overline{A} \cdot B$	$A + \overline{A} \cdot B$
0	0	1	0	0
0	1	1	1	1
1	0	0	0	1
1	1	0	0	1

右辺

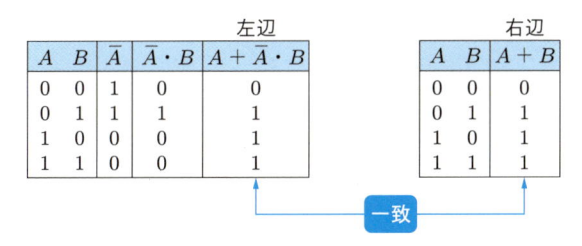

A	B	$A + B$
0	0	0
0	1	1
1	0	1
1	1	1

一致

図 2.14　両辺の真理値表

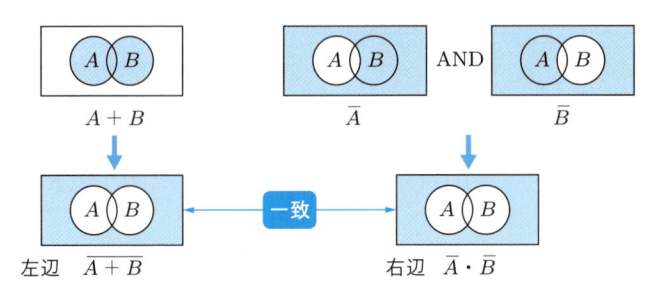

図 2.15　両辺のベン図

のため，左辺と右辺は等しいことが証明された．

↳ 章末問題 2.10，2.11

2.3.3　ド・モルガンの定理

図 2.16 に示すように，ド・モルガンの定理は，AND と OR を変換する定理であると考えられる．ド・モルガンの定理を応用すれば，図 2.17 に示すように，AND を OR に，または OR を AND に置き換えることができる．AND または，OR の入出力端子に注目し，NOT があれば取る，NOT がなければつける操作を行えば，AND と OR の変換ができる．

$$\overline{A \cdot B} = \overline{A} + \overline{B} \qquad \overline{A + B} = \overline{A} \cdot \overline{B}$$

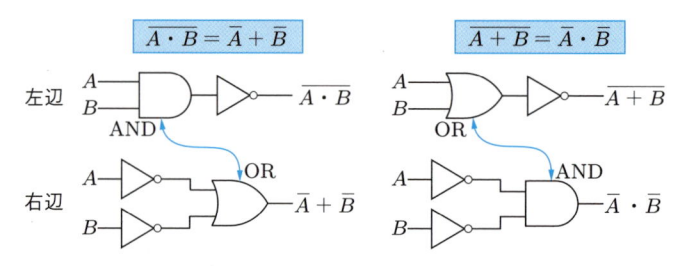

図 2.16　ド・モルガンの定理

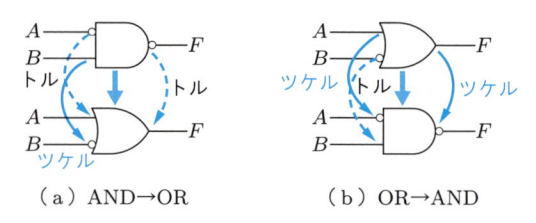

（a）AND→OR　　　（b）OR→AND

図 2.17　AND と OR の変換例

NOT　　　AND　　　OR

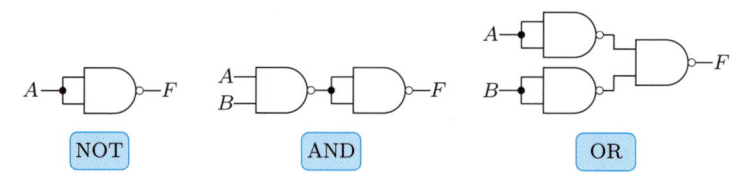

図 2.18　NAND ゲートによる NOT，AND，OR の構成

また，ブール代数の諸定理を用いれば，図 2.18 に示すように，すべての論理素子を NAND ゲートによって構成できることがわかる． ↳ 章末問題 2.12

2.3.4　論理圧縮

ブール代数の諸定理を使用すれば，論理式を簡単化できることがある．論理式を簡単化することを**論理圧縮**という．以下に，論理圧縮の例を示す．

【例 1】
$$\begin{aligned}
F &= A \cdot \overline{B} + \overline{A} \cdot B + A \cdot B \\
&= A \cdot (\overline{B} + B) + \overline{A} \cdot B &&\text{分配の法則} \\
&= A + \overline{A} \cdot B &&\text{補元の法則} \\
&= A + B &&\text{吸収の法則}
\end{aligned} \tag{2.1}$$

【例 2】
$$\begin{aligned}
F &= \overline{\overline{A} \cdot B + A \cdot \overline{B}} &&\text{EX-NOR} \\
&= \overline{\overline{A} \cdot B} \cdot \overline{A \cdot \overline{B}} &&\text{ド・モルガンの定理}
\end{aligned}$$

$$\begin{aligned}
&= (\overline{\overline{A}+B}) \cdot (\overline{A+\overline{B}}) &&\text{ド・モルガンの定理}\\
&= (A+\overline{B}) \cdot (\overline{A}+B) &&\text{復元の法則}\\
&= A \cdot \overline{A} + A \cdot B + \overline{A} \cdot \overline{B} + B \cdot \overline{B} &&\text{分配の法則}\\
&= A \cdot B + \overline{A} \cdot \overline{B} &&\text{補元の法則} &&(2.2)
\end{aligned}$$

【例3】
$$\begin{aligned}
F &= A \cdot (\overline{A}+\overline{B}) \cdot \overline{B}\\
&= (A \cdot \overline{A} + A \cdot \overline{B}) \cdot \overline{B} &&\text{分配の法則}\\
&= (0 + A \cdot \overline{B}) \cdot \overline{B} &&\text{補元の法則}\\
&= A \cdot \overline{B} \cdot \overline{B} &&\text{恒等の法則}\\
&= A \cdot \overline{B} &&\text{同一の法則} &&(2.3)
\end{aligned}$$

図2.19に示すように，論理圧縮した論理式(2.3)によって論理回路を構成すれば，もとの論理式よりも少ないゲートで同じ機能を実現できる．二つの論理回路が，同じ機能をもつことは，真理値表を比べることでも確認できる．

(a) $F = A \cdot (\overline{A}+\overline{B}) \cdot \overline{B}$　　　(b) $F = A \cdot \overline{B}$

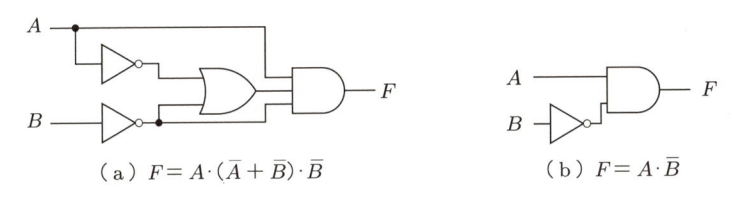

図2.19　同じ機能をもつ論理回路

↳章末問題 **2.13**

■ 章末問題2

2.1 次の計算を，算術演算と論理演算のそれぞれで行いなさい．ただし，算術演算を行う際には，正の数値として計算しなさい．
　　(1) 0011B + 0111B　　(2) 1011B・1101B

2.2 次のスイッチ回路に対応する論理式を書きなさい．

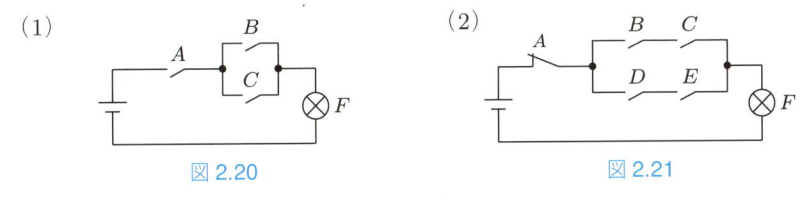

　　(1) 図2.20　　(2) 図2.21

2.3 次の論理演算をスイッチ回路で表しなさい．
　　(1) 2入力 NAND　　(2) 2入力 EX-OR

2.4 次の論理演算の真理値表を書きなさい．
(1) 3入力 NOR　　(2) 3入力 EX-OR

2.5 1001B と 1100B について，次の論理演算を行いなさい．
(1) AND　　(2) OR　　(3) 1001B の NOT　　(4) NAND
(5) NOR　　(6) EX-OR　　(7) EX-NOR

2.6 次の論理式に対応する論理回路と真理値表を書きなさい．
(1) $F = A \cdot B + \overline{A} \cdot \overline{B} \cdot C$　　(2) $F = A \cdot \overline{B} + \overline{A} \cdot B \cdot C + \overline{B} \cdot \overline{C}$

2.7 次の論理回路の論理式と真理値表を書きなさい．

(1)

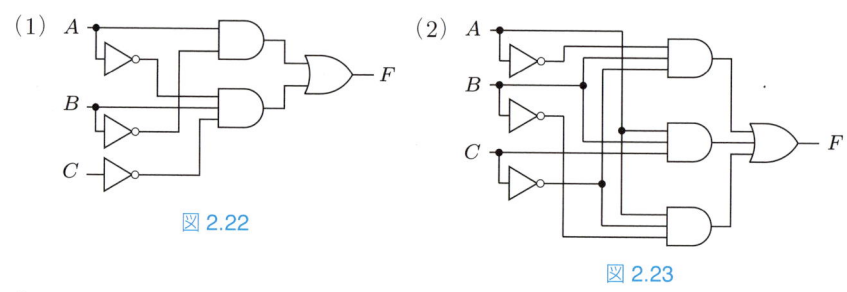

図 2.22

(2)

図 2.23

2.8 次の論理式をベン図で表しなさい．
(1) $F = \overline{A} \cdot B + A \cdot \overline{B}$　　(2) $F = \overline{A \cdot C} + B$

2.9 次のベン図が示す論理式を答えなさい．

(1)

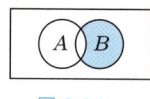

図 2.24

(2)

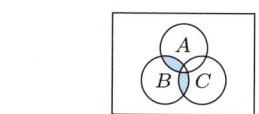

図 2.25

2.10 次の論理式が成り立つことを，指定した方法で証明しなさい．
(1) $A \cdot (A + B) = A$　　（真理値表）
(2) $(A + B) \cdot (A + C) = A + B \cdot C$　　（ベン図）

2.11 吸収の法則 $A + \overline{A} \cdot B = A + B$ を，この他のブール代数の諸定理を用いて証明しなさい．

2.12 次の論理回路を指定した種類のゲートだけを使って表しなさい．
(1) OR と NOT　　(2) NAND

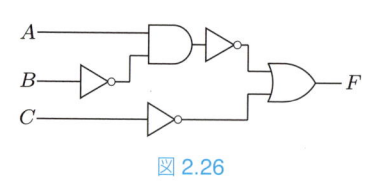

図 2.26　　図 2.27

2.13 次の論理式をブール代数の諸定理を用いて論理圧縮しなさい．
(1) $F = A \cdot \overline{B} + (A + B)$　　(2) $F = (\overline{A} + B) \cdot (A + \overline{B})$
(3) $F = \overline{(\overline{A} + \overline{B} + \overline{C})}$　　(4) $F = (\overline{A} + B + C) \cdot (A + \overline{B} + C) + \overline{A} \cdot B$

3章 論理回路の設計

本章では，真理値表から論理式を求める方法や，論理式の2種類の標準形について学ぶ．また，論理圧縮の手法として，カルノー図および，クワイン・マクラスキー法について説明する．これらの手法を用いて，目的の論理回路を設計する手順を理解しよう．

3.1 論理式の求め方

真理値表からは，加法標準形および，乗法標準形とよばれる2種類の論理式を求めることができる．

3.1.1 加法標準形の求め方

図3.1の真理値表を例にして考えよう．真理値表において，出力 F が "1" になっている行に注目する．そして，その行の入力 A, B, C それぞれの値が "0" なら論理否定，"1" なら論理肯定を考えて，その行の論理積を求める．たとえば，出力 F の2行目の "1" に注目すると，入力 ABC が "001" なので，対応する論理積は $\overline{A} \cdot \overline{B} \cdot C$ となる．同様にして，出力 F が "1" となっている論理積を求めると，$\overline{A} \cdot B \cdot C$（4行目），$A \cdot B \cdot \overline{C}$（7行目），$A \cdot B \cdot C$（8行目）となる．

A	B	C	F	論理積
0	0	0	0	
0	0	1	①	$\overline{A} \cdot \overline{B} \cdot C$
0	1	0	0	
0	1	1	①	$\overline{A} \cdot B \cdot C$
1	0	0	0	
1	0	1	0	
1	1	0	①	$A \cdot B \cdot \overline{C}$
1	1	1	①	$A \cdot B \cdot C$

＜加法標準形＞

$F = \overline{A} \cdot \overline{B} \cdot C + \overline{A} \cdot B \cdot C + A \cdot B \cdot \overline{C} + A \cdot B \cdot C$

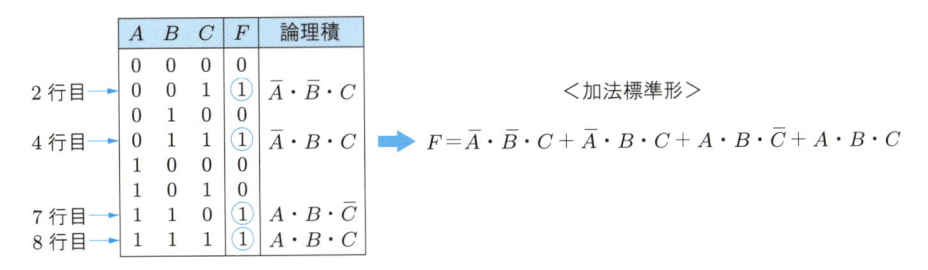

図3.1 加法標準形の求め方

求めた論理積の式を論理和で結合すると，**加法標準形**とよばれる論理式が得られる．このように，論理積の項が論理和で結合された形式を**積和形**とよぶ．ただし，加法標準形という場合には，それぞれの論理積の項に入力のすべての論理変数が含まれていなければならない（図3.2）．

【例 1】　$F = \overline{A} \cdot B \cdot C + A \cdot \overline{B} \cdot C + A \cdot \overline{B} \cdot \overline{C}$　→　積和形かつ，加法標準形である．

　　　　　　　A, B, C または $\overline{A}, \overline{B}, \overline{C}$ が含まれる

【例 2】　$F = \overline{A} \cdot B \cdot \overline{C} + \overline{A} \cdot C + \overline{A} \cdot B \cdot C$　→　積和形であるが，加法標準形ではない．

　　　　　　　B または $\overline{B}$ が含まれない

図 3.2　加法標準形の定義

↳ 章末問題 **3.1**, **3.2**

3.1.2　乗法標準形の求め方

図 3.3 の真理値表を例にして考えよう．真理値表において，出力 F が "0" になっている行に注目する．そして，その行の入力 A, B, C それぞれの値が "0" なら論理肯定，"1" なら論理否定を考えて，その行の論理和を求める．たとえば，出力 F の 3 行目の "0" に注目すると，入力 ABC が "010" なので，対応する論理和は $A + \overline{B} + C$ となる．同様にして，出力 F が "0" となっている論理和を求めると，$A + B + C$（1 行目），$\overline{A} + B + C$（5 行目），$\overline{A} + B + \overline{C}$（6 行目）となる．

A	B	C	F	論理和
0	0	0	⓪	$A + B + C$
0	0	1	1	
0	1	0	⓪	$A + \overline{B} + C$
0	1	1	1	
1	0	0	⓪	$\overline{A} + B + C$
1	0	1	⓪	$\overline{A} + B + \overline{C}$
1	1	0	1	
1	1	1	1	

1 行目 → (row 1), 3 行目 → (row 3), 5 行目 → (row 5), 6 行目 → (row 6)

＜乗法標準形＞

$$F = (A + B + C) \cdot (A + \overline{B} + C) \cdot (\overline{A} + B + C) \cdot (\overline{A} + B + \overline{C})$$

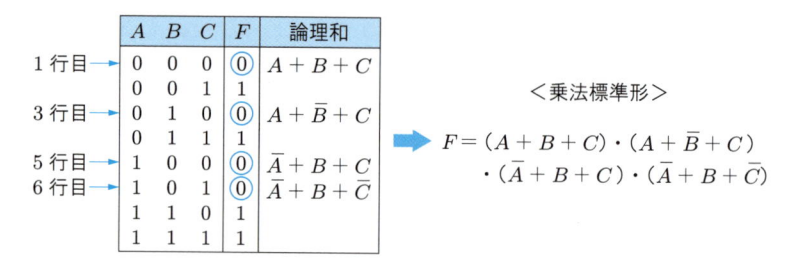

図 3.3　乗法標準形の求め方

求めた論理和の式を論理積で結合すると，**乗法標準形**とよばれる論理式が得られる．乗法標準形のそれぞれの論理和部分には，入力のすべての論理変数が含まれている．図 3.1 と図 3.3 では，同じ真理値表を例示した．したがって，そこから求めた加法標準形および，乗法標準形の論理式は，同じ動作をする論理回路を示している．

↳ 章末問題 **3.3**

3.1.3　加法標準形の作り方

論理式が，加法標準形でない場合には，たとえば，次のような方法で加法標準形に変形することができる．

・補元の法則 $A + \overline{A} = 1$ を用いる

　【例 1】　$F = A \cdot B \cdot C + \overline{A} \cdot B + B \cdot \overline{C}$

$$F = A \cdot B \cdot C + \overline{A} \cdot B \cdot (C + \overline{C}) + (A + \overline{A}) \cdot B \cdot \overline{C}$$
$$= A \cdot B \cdot C + \overline{A} \cdot B \cdot C + \overline{A} \cdot B \cdot \overline{C} + A \cdot B \cdot \overline{C} + \overline{A} \cdot B \cdot \overline{C}$$

・真理値表を用いる

【例2】 $F = (A + B + C) \cdot (A + \overline{B} + \overline{C}) \cdot (\overline{A} + \overline{B} + C) \cdot (\overline{A} + \overline{B} + \overline{C})$

与式は乗法標準形であるため，真理値表を作成すれば，出力 F の値を特定できる．たとえば，真理値表において，与式の $(A + B + C)$ 部分に対応する入力 A, B, C は "000" であり，その出力 F は "0" である（p.24 参照）．この真理値表を用いて，出力 F が "1" になっているところに注目すれば，加法標準形を導出できる（図3.4）．

A	B	C	F	論理和	論理積
0	0	0	⓪	$A + B + C$	
0	0	1	1		$\overline{A} \cdot \overline{B} \cdot C$
0	1	0	1		$\overline{A} \cdot B \cdot \overline{C}$
0	1	1	⓪	$A + \overline{B} + \overline{C}$	
1	0	0	1		$A \cdot \overline{B} \cdot \overline{C}$
1	0	1	⓪	$\overline{A} + B + \overline{C}$	
1	1	0	1		$A \cdot B \cdot \overline{C}$
1	1	1	⓪	$\overline{A} + \overline{B} + \overline{C}$	

$$F = \overline{A} \cdot \overline{B} \cdot C + \overline{A} \cdot B \cdot \overline{C} + A \cdot \overline{B} \cdot \overline{C} + A \cdot B \cdot \overline{C}$$

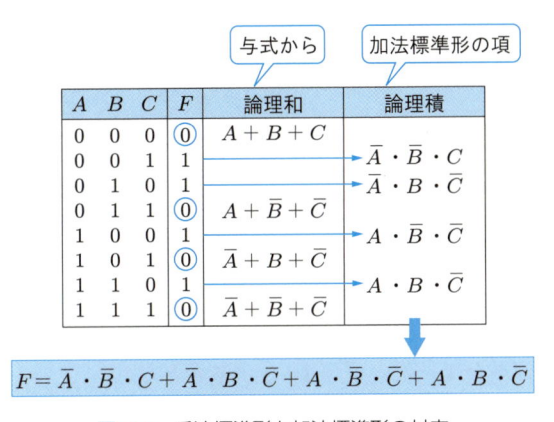

図 3.4　乗法標準形と加法標準形の対応

↳ 章末問題 3.4

3.2 カルノー図

3.2.1 カルノー図とベイチ図

第2章では，ブール代数の諸定理を用いて論理圧縮する方法を学んだ．本節では**カルノー図** (Karnaugh map)，次節ではクワイン・マクラスキー法によって，論理圧縮する方法を説明する．これらの手法を使用すれば，とくに複雑な論理式についてブール代数の諸定理を用いるよりも効率的に論理圧縮ができることが多い．図3.5 に，入力の論理変数が2個 (A, B) の場合に使用するカルノー図と**ベイチ図** (Veitch map) の基本形を示す．

カルノー図とベイチ図は，表の割り振りの表記が異なるだけであり，考え方や使用法は同じである．また，両図とも，加法標準形または，乗法標準形で表された論理式を論理圧縮することができる．本書の以降では，カルノー図によって加法標準形の論理式を扱うことを基本にする．

(a) カルノー図　　　(b) ベイチ図

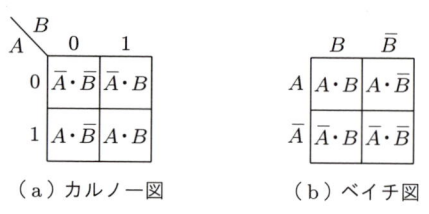

図 3.5　カルノー図とベイチ図の基本形

3.2.2　2 変数のカルノー図

図 3.6 (a) に，2 変数のカルノー図の基本形を示す．カルノー図の各領域は，図 (b) に示すように，論理変数 A，B の論理肯定と論理否定を組み合わせたすべての論理積に対応している．

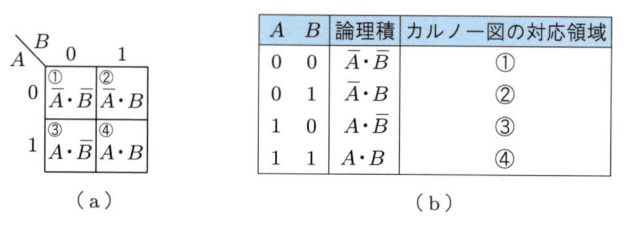

(a)　　　　　　　　　　(b)

図 3.6　2 変数のカルノー図の基本形

カルノー図を使う場合は，次の手順 **1**〜**3** が基本となる．

■□ **カルノー図を使う手順** ■□

手順 1　論理圧縮したい加法標準形の論理式の各項に対応するカルノー図の領域に "1" を記入する．

手順 2　カルノー図に記入された "1" について，縦か横に隣接する "1" をループで囲む．隣接した "1" がなければ，"1" を単独のループで囲む．

手順 3　書き込んだループを論理式として読み取って，複数であれば論理和で結合する．

次に，カルノー図の使い方についての例を示す．

(1) $F = A \cdot B + A \cdot \overline{B}$

手順 1　$A \cdot B$ と $A \cdot \overline{B}$ に対応するカルノー図の領域に "1" を記入する (図 3.7 (a))．

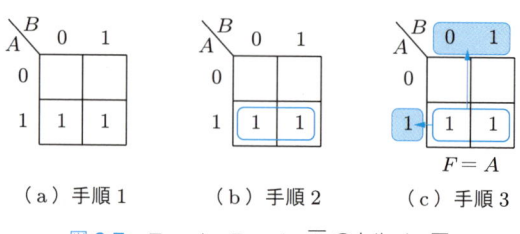

(a) 手順 1　　　(b) 手順 2　　　(c) 手順 3

図 3.7　$F = A \cdot B + A \cdot \overline{B}$ のカルノー図

手順 2 横に隣接する "1" をループで囲む（図 3.7（b））．
手順 3 書き込んだループを左側に移動すると論理変数 A の値が "1"（論理肯定）と定まる．また，ループを上側に移動すると論理変数 B の値が一致しないため読み取れない．よって，このループを読み取った結果は，A となる（図 3.7（c））．したがって，与式は，$F = A$ と簡単化できた．

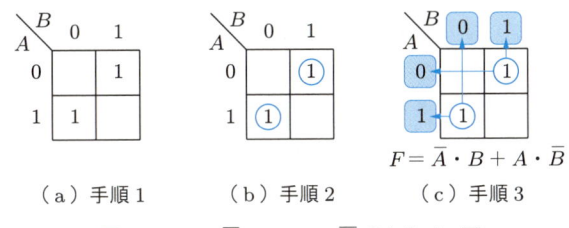

（2）$F = \overline{A} \cdot B + A \cdot \overline{B}$

手順 1 $\overline{A} \cdot B$ と $A \cdot \overline{B}$ に対応するカルノー図の領域に "1" を記入する（図 3.8（a））．
手順 2 隣接した "1" がないので，それぞれの "1" を単独のループで囲む（図 3.8（b））．
手順 3 右上のループを左側に移動すると論理変数 A の値が "0"（論理否定）と定まる．また，このループを上側に移動すると論理変数 B の値が "1"（論理肯定）と定まる．よって，このループは $\overline{A} \cdot B$ と読み取れる．左下のループについても同様に読み取れば，$A \cdot \overline{B}$ となる．よって，このカルノー図は，二つのループを読み取った論理積を論理和で結合した $F = \overline{A} \cdot B + A \cdot \overline{B}$ と読み取れる（図 3.8（c））．この例で読み取った結果をみればわかるように，単独の "1" からなるループは，論理圧縮に役立たない．すなわち，手順 2 において，縦か横に連続する "1" が皆無である場合には，その論理式は簡単化できない．つまり，EX-OR は論理圧縮できないことを確認したことになる．

（a）手順 1　　（b）手順 2　　（c）手順 3

図 3.8　$F = \overline{A} \cdot B + A \cdot \overline{B}$ のカルノー図

図 3.9 に，2 変数のカルノー図の読み取り例を示す．図（a）では，左下の "1" を二つのループで共有している．このように，ループを作るために，同じ "1" を何度使用してもよい．カルノー図においては，大きなループほど，読み取る論理積が簡単になる．また，図（b）のように，カルノー図のすべての領域に "1" が記入されている場合は，すべての "1" を一つのループで囲めばよい．このループを読み取った論理式は，

（a）$F = \overline{A} \cdot \overline{B} + A \cdot \overline{B} + A \cdot B$　　（b）$F = \overline{A} \cdot \overline{B} + \overline{A} \cdot B + A \cdot \overline{B} + A \cdot B$

図 3.9　2 変数のカルノー図の読み取り例

$F=$ "1" となる．これは，2 変数 A, B の取り得るすべての状態において，出力 F が "1" になることを表している．

↳ 章末問題 3.5

3.2.3　3 変数のカルノー図

図 3.10 (a) に，3 変数のカルノー図の基本形（縦型）を示す．カルノー図の各領域は，論理変数 A, B, C の論理肯定と論理否定を組み合わせたすべての論理積に対応している．

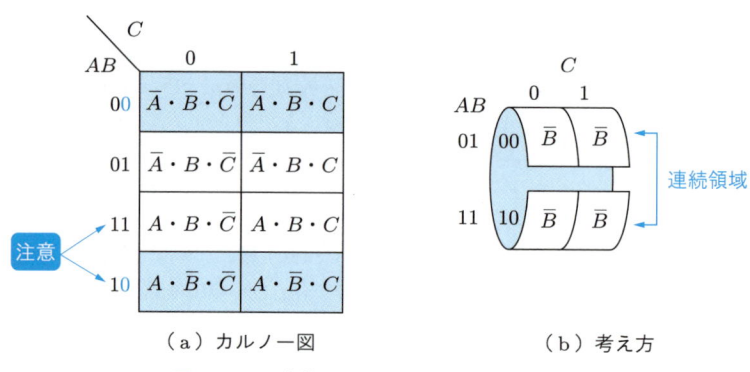

（a）カルノー図　　　　　（b）考え方

図 3.10　3 変数のカルノー図の基本形（縦型）

このカルノー図では，論理変数 A, B に対応する "0"，"1" の並びが上から，00 → 01 → 11 → 10 の順になっていることに注意する必要がある．このような並びになっているのは，青色で示した上下の 4 領域すべてが $\overline{B}$ を含んでいるので，これらを連続した領域として扱うためである．つまり，図 (b) のように，カルノー図を縦方向に丸めてシリンダ（円筒）を作ったとき，端で接続する 4 領域をすべて連続する $\overline{B}$ の領域と考える．

図 3.10 は，論理変数 A, B, C を「A, B」と「C」にグループ分けして考えた場合のカルノー図であった．グループ分けを「A」と「B, C」にして考えれば，図 3.11

（a）カルノー図　　　　　（b）考え方

図 3.11　3 変数のカルノー図の基本形（横型）

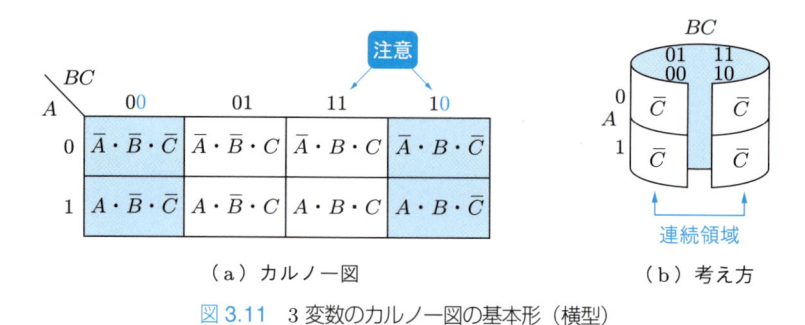

に示す横型のカルノー図が書ける．

横型のカルノー図については，図 (b) のように，横方向に丸めてシリンダを作ったとき，端で接続する 4 領域をすべて連続する $\overline{C}$ の領域と考える．図 3.10 の縦型と図 3.11 の横型のカルノー図は，同様に扱えるため，どちらを使用してもよい．どちらも，2 変数のカルノー図で学んだ手順（p.26）を適用できる．図 3.12 に，3 変数のカルノー図（横型）の読み取り例を示す．カルノー図に書かれた "1" を囲むそれぞれのループを横方向と縦方向に移動して，論理変数の値を定めて論理式として読み取り，論理和で結合すればよい．

	BC					BC					BC					BC			
A	00	01	11	10	A	00	01	11	10	A	00	01	11	10	A	00	01	11	10

$F = \overline{A} \cdot C + A \cdot B \cdot \overline{C}$　　$F = A \cdot B + \overline{C}$　　$F = A \cdot \overline{B} + A \cdot C$　　$F = \overline{A} \cdot \overline{C} + \overline{B} \cdot C$

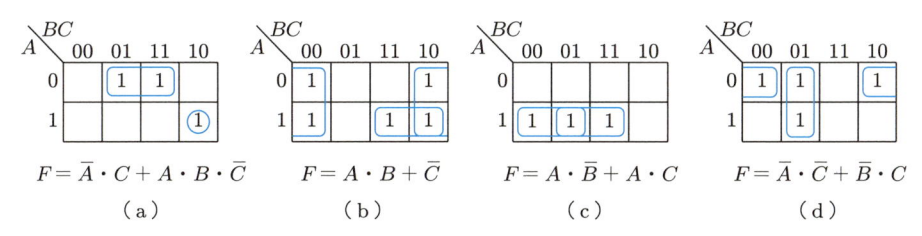

　　　（a）　　　　　　　（b）　　　　　　　（c）　　　　　　　（d）

図 3.12　3 変数のカルノー図の読み取り例

たとえば，図 3.12 (a) では，論理式 $F = \overline{A} \cdot \overline{B} \cdot C + \overline{A} \cdot B \cdot C + A \cdot B \cdot \overline{C}$ が，より簡単な論理式 $F = \overline{A} \cdot C + A \cdot B \cdot \overline{C}$ に論理圧縮できたことを示している．また，図 (c) のように，"1" が 3 個連続している場合には，2 個の "1" を 2 組考えて，それぞれをループで囲まなければならない．3 個の "1" をまとめて一つのループで囲んではならない．3 変数のカルノー図では，一つのループで囲める "1" の個数が，1，2，4，8 個のいずれかであることに注意する．

↳ 章末問題 3.6

3.2.4　4 変数のカルノー図

図 3.13 (a) に，4 変数のカルノー図の基本形を示す．カルノー図の各領域は，論理変数 A，B，C，D の論理肯定と論理否定を組み合わせたすべての論理積に対応している．

このカルノー図では，3 変数の場合と同様に，論理変数 A，B および C，D に対応する "0"，"1" の並びが，00 → 01 → 11 → 10 の順になっていることに注意する必要がある．図 (b) のように，カルノー図を縦と横のそれぞれの方向に丸めてシリンダを作ったとき，端で接続する各 8 領域をすべて $\overline{B}$，または $\overline{D}$ の連続する領域と考える．図 (b) に示した二つの図を合わせると，表がドーナツ状になっているとも考えられる．図 3.14 に，4 変数のカルノー図の読み取り例を示す．

4 変数のカルノー図では，一つのループで囲める "1" の個数が，1，2，4，8，16 個のいずれかであることに注意する．たとえば，図 3.14 (a) のように，"1" が 6 個連続

（a）カルノー図　　　　　　　　　　　　　　（b）考え方

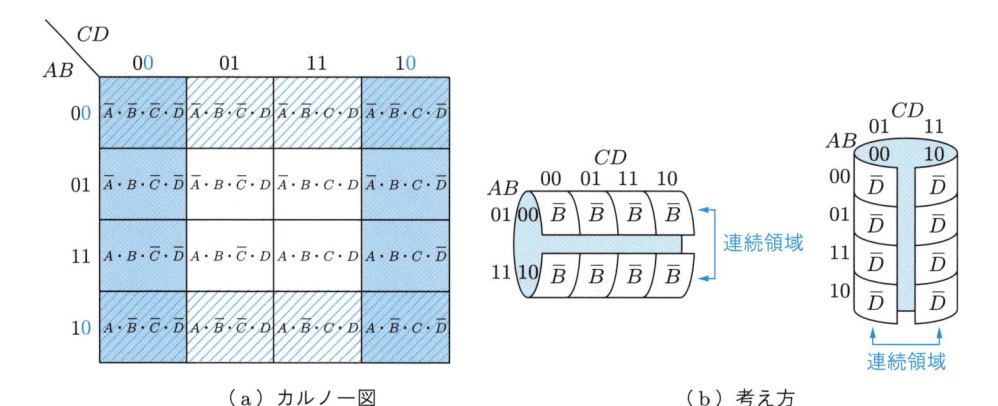

図 3.13　4 変数のカルノー図の基本形

$F = B \cdot \overline{C} + B \cdot D$
（a）

$F = A \cdot \overline{B} \cdot C \cdot D + B \cdot \overline{D}$
（b）

$F = \overline{A} \cdot \overline{B} + \overline{A} \cdot C + \overline{B} \cdot C$
（c）

$F = \overline{B} \cdot \overline{D}$
（d）

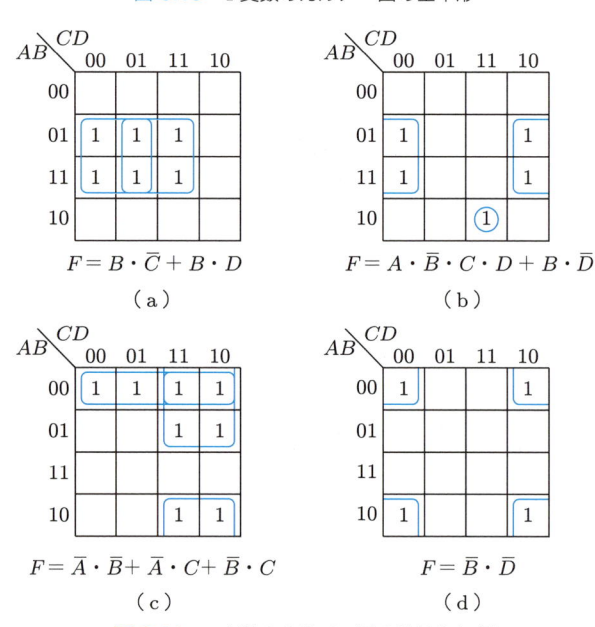

図 3.14　4 変数のカルノー図の読み取り例

している場合には，4 個の "1" を 2 組考えて，それぞれをループで囲まなければならない．6 個の "1" をまとめて一つのループで囲んではならない．　　　↳章末問題 3.7, 3.8

カルノー図では，5 変数以上を対象にすることも可能である．しかし，図が入れ子状になってしまうため，扱いが困難になる．このため，5 変数以上の論理圧縮を行う場合には，次節で説明するクワイン・マクラスキー法を用いるとよい．

3.3 クワイン・マクラスキー法

3.3.1 クワイン・マクラスキー法の考え方

クワイン・マクラスキー (Quine–McCluskey) **法**は，加法標準形で表された論理式に対して，**補元の法則**を適用して論理圧縮を試みる手法である．たとえば，式 (3.1) に示す加法標準形について考える．

$$F = A \cdot B \cdot C + \overline{A} \cdot B \cdot C \tag{3.1}$$

式 (3.1) を分配の法則によって変形すると，式 (3.2) のようになる．

$$F = B \cdot C \cdot (A + \overline{A}) \tag{3.2}$$

式 (3.2) に補元の法則 ($A + \overline{A} = 1$) を適用すれば，式 (3.3) のように論理圧縮できる．

$$F = B \cdot C \tag{3.3}$$

このように，加法標準形の二つの項を比較したときに，一つの論理変数（式 (3.1) の例では A）についてだけ論理肯定と論理否定が異なっていれば補元の法則が適用できる．この考え方を用いて，補元の法則が適用できるかどうかを総当たりで調べることで論理圧縮を行うのがクワイン・マクラスキー法である．クワイン・マクラスキー法は，人にとっては面倒で，間違いを起こしやすい単調作業である．しかし，コンピュータで処理するのには，適した手法である．

3.3.2 クワイン・マクラスキー法の手順

クワイン・マクラスキー法を使う場合は，次の手順 **1**〜**3** が基本となる．ここでは，もとの加法標準形の項を**最小項**，論理圧縮の過程にできた論理式の項を**主項**とよぶことにする．

■□ **クワイン・マクラスキー法を使う手順** ■□

- **手順 1** 論理否定の数が一つだけ異なる二つの項をすべて比較して，可能ならば，補元の法則を適用する．
- **手順 2** 論理圧縮できた場合には，得られた論理式に対して再び手順 1 を行う．この手順は，論理圧縮できる項の組み合わせがなくなるまで繰り返す．また，論理式によっては手順 3 を行うことで，論理圧縮が進む場合がある．
- **手順 3** 最小項と主項についての対応表から，さらなる論理圧縮ができるかどうかを調べる．

例として，式 (3.4) をクワイン・マクラスキー法によって論理圧縮する手順を示す．論理変数がたとえば A, B, C, D のように明らかに区別できる場合などは，式 (3.4) のように，項における論理積の演算子「・」の記述を省略することがある．また，前

に述べたように，クワイン・マクラスキー法は，5 変数以上に対して用いられることが多い．しかし，ここでは手順を理解することが目的であるため，4 変数の論理式を対象とする．

$$F = \overline{AB\overline{C}D} + AB\overline{CD} + \overline{A}\ \overline{B}\ \overline{C}D + \overline{A}\ \overline{B}CD + AB\overline{C}D \qquad (3.4)$$

手順 1 式 (3.4) の最小項を論理否定 (NOT) の数で分類した表 3.1 を作成する．NOT の数が 1 だけ異なる最小項について，補元の法則が適用できるかどうかを総当たりで調べる．補元の法則が適用できた組み合わせについては，双方のチェック欄にレ印を入れる．

表 3.1 論理圧縮 1

NOT 数	✓	最小項	主項
3	✓	$\overline{A}\overline{B}\overline{C}D$	$\overline{A}\overline{C}D$
2	✓	$\overline{A}\overline{B}CD$	$\overline{A}BD$
	✓	$\overline{A}B\overline{C}D$	なし
			$B\overline{C}D$
1		$ABC\overline{D}$	なし
	✓	$AB\overline{C}D$	なし

得られた主項と，レ印がついていない最小項の積和形が，この段階での論理圧縮の結果である．この例では，式 (3.4) が式 (3.5) のように論理圧縮できた．

$$F = \overline{A}\ \overline{C}D + \overline{A}\ \overline{B}D + B\overline{C}D + ABC\overline{D} \qquad (3.5)$$

手順 2 式 (3.5) の項を論理否定 (NOT) の数で分類した表 3.2 を作成し，手順 1 と同様の比較を行う．念のため，式 (3.5) に含まれる最小項 $ABC\overline{D}$ についても総当たりで確認する．

表 3.2 論理圧縮 2

NOT 数	✓	最小項と主項	主項
2		$\overline{A}BD$	なし
		$\overline{A}\overline{C}D$	なし
1		$B\overline{C}D$	なし
		$ABC\overline{D}$	なし

この例では，補元の法則を適用できる組み合わせがないため，手順 2 を終了する．

手順 3 式 (3.5) について，最小項と主項に関する表 3.3 を作成する．

表 3.3 最小項と主項の対応表

主項＼最小項	$\overline{A}\overline{B}\overline{C}D$	$ABC\overline{D}$	$\overline{A}B\overline{C}D$	$\overline{A}BCD$	$AB\overline{C}D$
$\overline{A}BD$			✓	✓	
$\overline{A}\overline{C}D$	✓		✓		
$B\overline{C}D$	✓				✓

32　3 章　論理回路の設計

表 3.3 にあるそれぞれの主項は，2 個の最小項の組み合わせから生じているはずであるから，もととなった 2 個の最小項にレ印をつける．たとえば，主項 $\overline{A}\,\overline{B}D$ は，最小項 $\overline{A}\,\overline{B}\,\overline{C}D$ と $\overline{A}\,\overline{B}CD$ に対して補元の法則を適用して得られている．また，最小項 $ABC\overline{D}$ は，補元の法則を適用する相手の項がなかったため，レ印がついていない．

表 3.3 を縦方向にみると，レ印が 1 個だけの（◉で示した）最小項は，対応する主項を得るために必須である．一方，レ印が複数ついている最小項は，主項を得るために複数回使用されたことを示している．しかし，最小項は，補元の法則が一度使用されれば，省略することができる．したがって，この例では，◉のついている主項 $\overline{A}\overline{B}D$ と $B\overline{C}D$ が必要であり，主項 $\overline{A}\,\overline{C}D$ 欄についているレ印は必要ない．この理由は，表 3.3 に示したように，$\overline{A}\,\overline{C}D$ 欄にある 2 個のレ印は，対応するそれぞれの◉に役割を担ってもらえばよいからである．

結果として，式 (3.4) の論理式は，式 (3.6) のように論理圧縮できる．式 (3.4) をカルノー図で表すと，図 3.15 のようになり，式 (3.6) と同じ論理圧縮の結果が確認できる．

$$F = \overline{A}\,\overline{B}D + B\overline{C}D + ABC\overline{D} \tag{3.6}$$

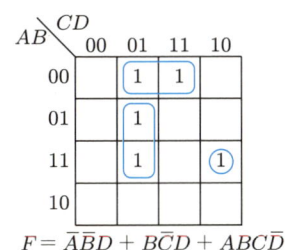

図 3.15　カルノー図による確認

↪ 章末問題 3.9

3.4　論理回路設計の基礎

3.4.1　論理回路設計の手順

図 3.16 に，論理回路を設計する基本的な手順を示す．

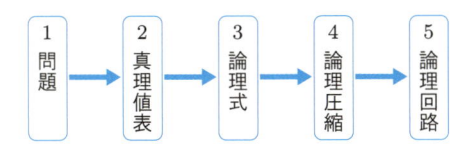

図 3.16　論理回路設計の基本的な手順

■□ 論理回路設計の基本的な手順 ■□

手順 1 問題：論理回路にしたい問題を分析して，入出力データについての定義を行う．
手順 2 真理値表：入力データと出力データを論理変数として，真理値表を作成する．
手順 3 論理式：真理値表から論理式を得る．
手順 4 論理圧縮：カルノー図やクワイン・マクラスキー法を用いて，論理圧縮を試みる．
手順 5 論理回路：得られた論理式から論理回路を作成する．

3.4.2 論理回路の設計例

次の問題を例にして，論理回路を設計する手順を示す．

「1 回転すると，黒玉または，白玉が 1 個出てくる回転式抽選器がある．3 個の玉を出して，その中に白玉が 2 個以上あれば当選となる．」

手順 1 問題：3 個の玉を入力変数 A, B, C とし，黒玉を "0"，白玉を "1" と定義する．また，抽選結果を出力変数 F とし，落選を "0"，当選を "1" と定義する（図 3.17）．

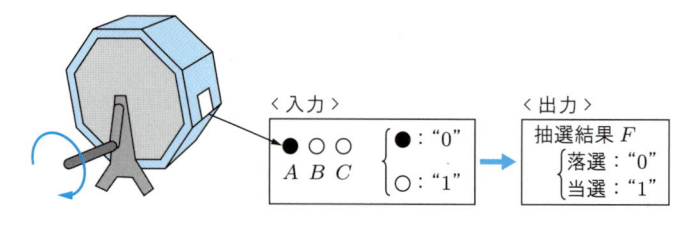

図 3.17 問題から論理変数などを定義

手順 2 真理値表：定義した論理変数を用いて，真理値表を作成する（表 3.4）．

表 3.4 真理値表

A	B	C	F
0	0	0	0
0	0	1	0
0	1	0	0
0	1	1	1
1	0	0	0
1	0	1	1
1	1	0	1
1	1	1	1

手順 3 論理式：真理値表から加法標準形の論理式を得る（式 (3.7)）．

$$F = \overline{A} \cdot B \cdot C + A \cdot \overline{B} \cdot C + A \cdot B \cdot \overline{C} + A \cdot B \cdot C \tag{3.7}$$

手順 4 論理圧縮：カルノー図を用いて，論理圧縮を試みる（図 3.18）．
手順 5 論理回路：得られた論理式から論理回路を作成する（図 3.19）．

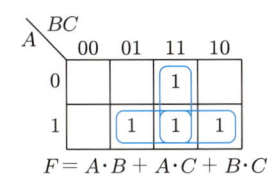

図 3.18　3 変数のカルノー図（横型）

$F = A \cdot B + A \cdot C + B \cdot C$

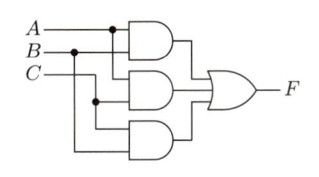

図 3.19　論理回路

↳章末問題 3.10, 3.11

▪ 章末問題 3

3.1 表 3.5 の真理値表から，加法標準形の論理式を求めなさい．

3.2 表 3.6 は，3 ビットデータの**一致回路**（**コンパレータ**：comparator）の真理値表である．この回路の論理式と回路図を答えなさい．

表 3.5

A	B	C	F
0	0	0	0
0	0	1	1
0	1	0	1
0	1	1	0
1	0	0	0
1	0	1	0
1	1	0	1
1	1	1	1

表 3.6

A	B	C	F
0	0	0	1
0	0	1	0
0	1	0	0
0	1	1	0
1	0	0	0
1	0	1	0
1	1	0	0
1	1	1	1

3.3 表 3.5 の真理値表から，乗法標準形の論理式を求めなさい．

3.4 次の論理式を加法標準形に変形しなさい．
 (1) $F = A \cdot B + \overline{A} \cdot B \cdot C + \overline{A} \cdot B + A \cdot \overline{C}$
 (2) $F = (A + \overline{B} + C) \cdot (\overline{A} + \overline{B} + C) \cdot (A + \overline{B} + \overline{C}) \cdot (\overline{A} + B + C) \cdot (A + B + C)$

3.5 次の 2 変数のカルノー図が示す論理式 F を読み取りなさい．

(a)

	0	1
0		1
1	1	1

(b)

	0	1
0	1	
1		1

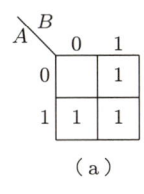

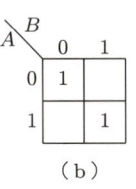

図 3.20

3.6 次の 3 変数のカルノー図が示す論理式 F を読み取りなさい．

A\BC	00	01	11	10
0		1	1	1
1		1	1	1

(a)

A\BC	00	01	11	10
0	1	1	1	
1	1			1

(b)

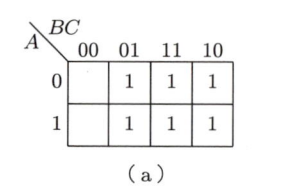

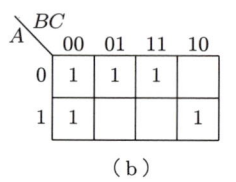

図 3.21

3.7 次の 4 変数のカルノー図が示す論理式 F を読み取りなさい．

AB\CD	00	01	11	10
00	1			1
01			1	
11		1	1	1
10	1			

(a)

AB\CD	00	01	11	10
00		1	1	
01		1	1	
11		1	1	
10	1			

(b)

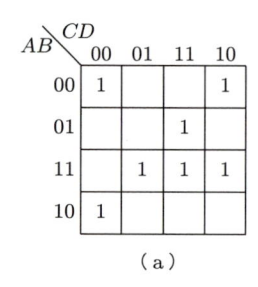

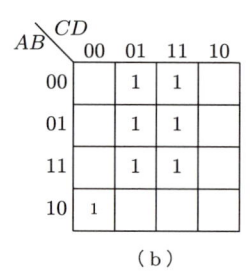

図 3.22

3.8 次の論理式をカルノー図によって論理圧縮しなさい．
(1) $F = A \cdot \overline{B} \cdot \overline{C} + \overline{A} \cdot \overline{B} \cdot C + A \cdot \overline{B} \cdot C + \overline{A} \cdot B \cdot C + \overline{A} \cdot \overline{B} \cdot \overline{C}$
(2) $F = A \cdot \overline{B} \cdot \overline{C} \cdot \overline{D} + A \cdot \overline{B} \cdot \overline{C} \cdot D + \overline{A} \cdot B \cdot C \cdot \overline{D} + A \cdot \overline{B} \cdot C \cdot D + \overline{A} \cdot \overline{B} \cdot \overline{C} \cdot D$

3.9 次の論理式をクワイン・マクラスキー法によって論理圧縮しなさい．また，カルノー図によって論理圧縮した結果と比較しなさい．
$F = \overline{A} \cdot \overline{B} \cdot C \cdot \overline{D} + \overline{A} \cdot B \cdot C \cdot D + \overline{A} \cdot \overline{B} \cdot C \cdot D + A \cdot B \cdot \overline{C} \cdot D$
$+ A \cdot B \cdot \overline{C} \cdot \overline{D} + A \cdot B \cdot C \cdot D$

3.10 次の問題に対して，各問に答えなさい．
問題：3 ビットの入力に対して，"1" の数が奇数個あった場合は "1"，それ以外は "0" を出力する回路がある．
(1) 真理値表を書きなさい．
(2) 真理値表から加法標準形の論理式を求めなさい．
(3) 論理式をカルノー図によって論理圧縮できるかどうか調べなさい．
(4) 得られた論理式を用いて，回路図を書きなさい．
この問題のように，入力データの和が奇数か偶数になるのを調べることを**パリティチェック** (parity check) といい，通信エラーの検出などに応用されている．

3.11 次の問題に対して，各問に答えなさい．
問題：ある武道種目の資格審査が行われる．この資格審査では，受審者が演技を行った後に，審査員 4 名のうち 3 名以上が「可」の判定をすれば合格となる．

（1）各審査員の判定について不可を"0"，可を"1"また，最終結果について不合格を"0"，合格を"1"として，真理値表を書きなさい．
（2）真理値表から加法標準形の論理式を求めなさい．
（3）論理式をカルノー図によって論理圧縮できるかどうか調べなさい．
（4）得られた論理式を用いて，回路図を書きなさい．

4章 ディジタル IC

設計した論理回路を実現するには，**ディジタル IC**（integrated circuit：集積回路）を用いて回路を製作する．その際は，ディジタル IC についての知識が必要になる．また，ディジタル IC の特性の影響により，机上で考えた論理回路の動作と実際の動作が必ずしも同じになるとは限らない．この章では，ディジタル IC の構成や特徴，使用時の注意事項などについて理解しよう．

4.1 ゲート回路の基本

4.1.1 AND, OR ゲート回路

図 4.1 に，2 入力の **AND ゲート**と **OR ゲート**の基本回路を示す．いずれの回路も，ダイオードをスイッチとして使用している．電気信号に，たとえば 3 V，または 5 V などの電圧を使用し，正極の電位を "1"，負極の電位をグラウンドとして "0" と考えればゲートの機能が実現できる．

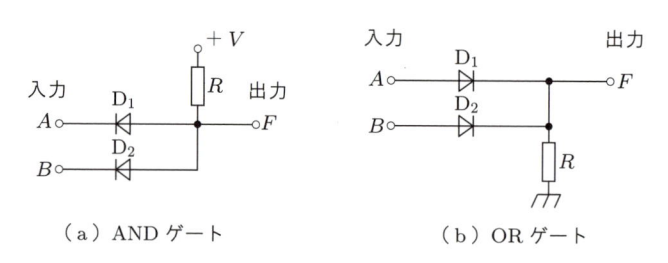

（a）AND ゲート　　　　（b）OR ゲート

図 4.1　基本回路

4.1.2 NOT ゲート回路

NOT ゲートの基本回路には，トランジスタを使用するため，ここではトランジスタの基本動作について説明する．図 4.2 に，トランジスタ（npn 形）の図記号と，動作特性例を示す．トランジスタのベース電流 I_B を 0 から増加していくと，ある値までは，I_B にほぼ比例したコレクタ電流 I_C が流れる．一般に，この範囲の I_C は，I_B の数百〜数千倍の値になる．図 (b) の例においては，横軸 I_B [μA] と縦軸 I_C [mA] の単位を比べると，千倍の差がある．この比例関係が，**増幅**とよばれる動作であり，主にアナログ回路で使用される．

この後，I_B をさらに増加させても，I_C は増加せず一定の値で飽和する．したがって，図 (b) において，$I_B = 0$ と $I_B = X$ の場合では，I_C の値が，それぞれ 0 および

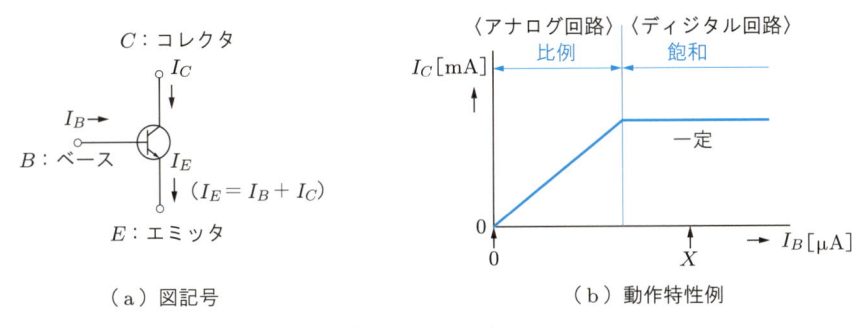

図 4.2　トランジスタ

(a) 図記号
(b) 動作特性例

大きな一定値となる．このことを利用すれば，トランジスタをスイッチとして使用できる．これは，**スイッチング**とよばれる動作であり，主にディジタル回路で使用される．図 4.3 に，スイッチング動作の 2 状態を示す．ベースの電位を "0" または，"1" にすることで，トランジスタの OFF と ON，すなわちコレクタ・エミッタ間の非導通と導通が制御できる．

(a) OFF
(b) ON

図 4.3　トランジスタのスイッチング動作

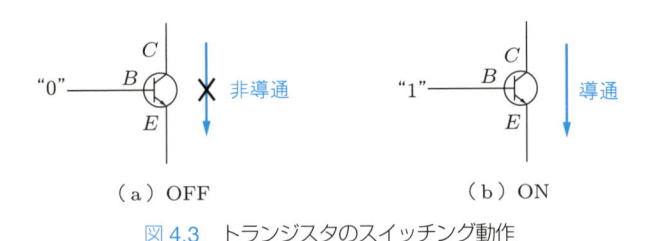

図 4.4 に，トランジスタを使用した NOT ゲートの基本回路を示す．この回路は，トランジスタのスイッチング動作を使用しており，抵抗 R_B は飽和領域内の適切なベース電流値を得るためのベース抵抗である．入力 A が "0" のときは，トランジスタが OFF となり，出力 F は "1"($+V$) となる．また，入力 A が "1" のときは，トランジスタが ON となり，出力 F は "0"（グラウンド電位）となる．また，トランジスタの代わりに FET (field effect transistor) を使用することもできる．

4.1.3　CMOS

図 4.5 は，FET を 2 個使用した NOT ゲート回路である．この回路は，p チャネル形と n チャネル形の MOS (metal oxide semiconductor) FET を組み合わせて構成してある．このように異なる形の素子を組み合わせた回路を，**コンプリメンタリ** (complementary) **回路**という．トランジスタの npn 形と pnp 形を用いてコンプリメンタリ回路を作ることもできる．

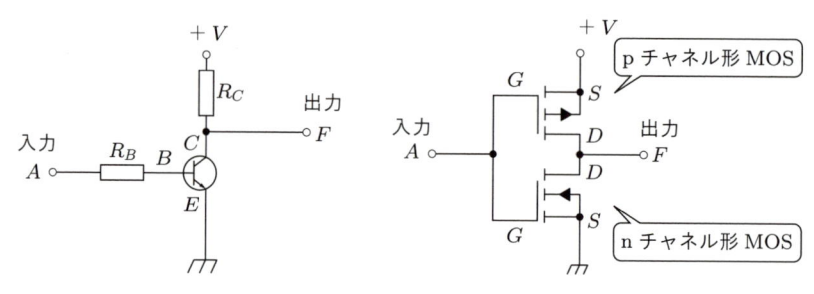

図 4.4 NOT ゲートの基本回路　　図 4.5 NOT ゲート回路 (CMOS)

図 4.5 において，入力 A が "0" のときは，上部の p チャネル形 MOS だけが ON となり，出力 F は "1"($+V$) となる．また，入力 A が "1" のときは，下部の n チャネル形 MOS だけが ON となり，出力 F は "0"(グラウンド電位) となる．つまり，どちらの動作でも，$+V$ の端子からグラウンド端子に電流が流れない．このように構成した素子を **CMOS** (complementary metal oxide semiconductor) という．

図 4.4 で学んだトランジスタ 1 個を使用した NOT ゲートの基本回路では，入力 A が "1" のときは，トランジスタが ON となり，コレクタからエミッタへ向けて電流が流れる．このため，抵抗 R_C を挿入して電源のショートを防いでいる．しかし，CMOSでは，$+V$ の端子からグラウンド端子に電流が流れないため，抵抗が不要であり，消費電力が少なくなる利点がある．

↳章末問題 4.1

4.1.4　TTL と CMOS

これまで，基本的なゲート回路について学んだ．一方，実際のディジタル IC に使用されるゲート回路は，より安定に動作するように設計されており，回路がやや複雑になっている．また，p.20 で説明したように，NAND ゲート回路があれば，他のすべてのゲート回路が実現できる．ディジタル IC でも NAND ゲート回路を基本として，その他のゲート回路を構成することができる．図 4.6(a) にトランジスタ，図 (b) に FET を用いた実用的な NAND ゲート回路例を示す．

図 (a) のようにトランジスタを使用した回路は，**TTL** (transistor transistor logic) とよばれる．また，図 (b) は前に学んだように，どの動作でも V_{DD} 端子からグラウンド端子に電流が流れない **CMOS** である．TTL は，CMOS よりも高速に動作するのが長所である．とくに以前は，CMOS の動作速度が TTL に比べ大きく劣っていた．しかし，CMOS の改良が進み，現在では旧式の TTL よりも高速に動作する新しい CMOS が実用化されている．また，CMOS は，少ない消費電力，広い動作電源電圧，高い入力抵抗などの利点がある．さらに，図 4.6 を比較するとわかるように，CMOSは，使用する部品数が少なく集積化しやすいため，現在のディジタル IC の主流となっ

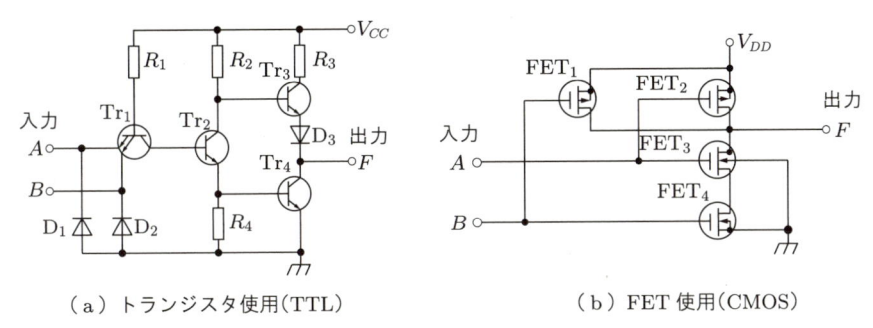

（a）トランジスタ使用（TTL）　　　　（b）FET 使用（CMOS）

図 4.6　実用的な NAND ゲート回路例

ている．一方，とくに高速動作が要求される用途では，CMOS とトランジスタを組み合わせた **BiCMOS** (bipolar transistor + CMOS) が使用されることが多い．これは，入力部と論理部に CMOS を使用して低電力化し，出力部にトランジスタを使用して高速化を実現したディジタル IC である．

↪章末問題 4.2

4.2　汎用ディジタル IC

4.2.1　74 シリーズ

各種のゲート回路などの**汎用ディジタル IC**（**汎用ロジック IC**）としては，民生用規格の **74 シリーズ**が一般的である．また，74 シリーズより厳しい条件で動作する **54 シリーズ**もある．表 4.1 に示すように，74 シリーズは特性によって**ファミリ**という区分に分けられている．また，表 4.1 に記した伝搬遅延時間が短いほど，高速に動作する．74 シリーズは，図 4.7 に示すようなルールで名称がつけられている．

表 4.1　74 シリーズの主なファミリの特性例

ファミリ		電源電圧 [V]	消費電流 [mA]	伝搬遅延時間 [ns]	動作温度 [℃]
TTL	LS	4.75〜5.25	54	12	0〜70
	ALS	4.5〜5.5	27	7	
	AS	4.5〜5.5	54	4	
CMOS	HC	2.0〜6.0	0.08	14	−40〜85
	AC	2.0〜6.0	0.04	5	
	AHC	2.0〜5.5	0.04	5	
BiCMOS	ABT	4.5〜5.5	0.3	2.5	−40〜85
	BCT	4.5〜5.5	10	4	

図 4.8 に 74 シリーズの外観例，図 4.9 にピン配置例を示す．図 4.9(d) は，第 6 章で学ぶフリップフロップ (FF) の IC 例である．

```
┌─────────────┐    ┌─────────┐    ┌─────────┐    ┌─────────┐
│   メーカ    │ 74 │ ファミリ │    │  型番   │    │  外形   │
└─────────────┘    └─────────┘    └─────────┘    └─────────┘
      ⋮                ⋮              ⋮              ⋮
```

SN：テキサス　　　　　　　LS：TTL　　　　00：NAND　　　P：DIP(dual inline package)
　　インスツルメント　　　HC：CMOS　　　04：NOT　　　　F：SOP(small outline package)
MC：モトローラ　　　　　　ABT：BiCMOS　　32：OR　　　　FT：SSOP(shrink SOP)
TC：東芝　　　　　　　　　　　　　など　　　　　など　　　　　　　　　　　　　　など
HC：ルネサス
　　エレクトロニクス
　　　　　　　　　など

【例】　SN74HC32P

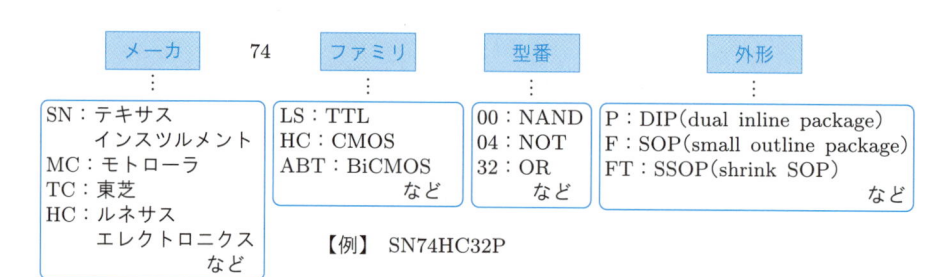

図 4.7　74 シリーズの名称

図 4.8　74 シリーズの外観例

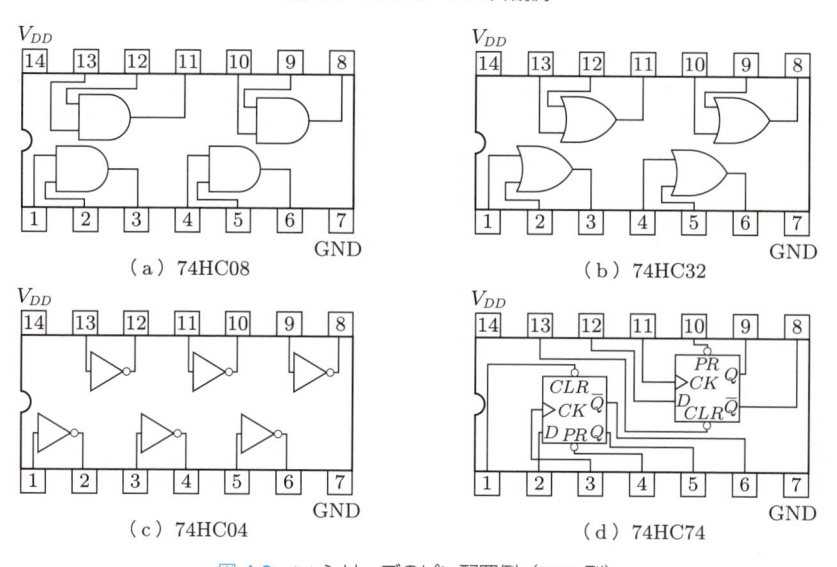

（a）74HC08　　　　　　　　　　　　（b）74HC32

（c）74HC04　　　　　　　　　　　　（d）74HC74

図 4.9　74 シリーズのピン配置例（DIP 型）

4.2.2　ディジタル IC の動作条件

ディジタル IC を使用する際は，安定に動作をさせるためにメーカが規定している**推奨動作条件**を守ることが大切である．表 4.2 に，74 シリーズ AC ファミリの**推奨動作条件**の例を示す．

↳章末問題 4.3

表 4.3 は，たとえ一瞬であっても定格値を超えてはならない限界を示す**絶対最大定**

表 4.2　推奨動作条件例 (SN74AC00)

項目	記号	定格値
電源電圧	V_{DD}	2.0～6.0 V
入力電圧	V_I	0～V_{DD}
出力電圧	V_O	0～V_{DD}
論理レベル電圧 ($V_{DD} = 5.5$ V のとき)	V_{IL}	最大 1.65 V
	V_{IH}	最小 3.85 V
出力電流 ($V_{DD} = 5.5$ V のとき)	I_{OL}	最大 24 mA
	I_{OH}	最大 24 mA
入力スイッチング特性	$\Delta t/\Delta V$	最大 8 ns/V
動作温度	T_A	−40～85 ℃

格の例である．絶対最大定格を超えると，IC が破損する可能性が極めて高くなる．表 4.3 の例では，電源電圧 V_{DD} の絶対最大定格が，−0.5～7 V である．つまり，たとえば 5.0 V の電源の極性を逆に接続すると，−5.0 V を印加したことになり，絶対最大定格を超えてしまうので注意が必要である．

表 4.3　絶対最大定格 (SN74AC00)

項目	記号	定格値
電源電圧	V_{DD}	−0.5～7 V
入力電圧	V_I	−0.5～(V_{DD} + 0.5) [V]
出力電圧	V_O	−0.5～(V_{DD} + 0.5) [V]
入力クランプ電流（$V_I < 0$ または，$V_I > V_{DD}$ のときの入力電流）	I_{IK}	±20 mA
出力クランプ電流（$V_I < 0$ または，$V_I > V_{DD}$ のときの出力電流）	I_{OK}	±20 mA
連続出力電流	I_O	±50 mA
動作温度	T_A	−65～150 ℃

↳ 章末問題 4.4

4.2.3　スイッチング特性

　実際のディジタル信号は，"0" から "1" に立ち上がる場合や，"1" から "0" に立ち下がる場合の移り変わりに時間を要する．ディジタル IC においても，ディジタル信号を入出力するのに，**立ち上がり時間** t_r および，**立ち下がり時間** t_f を必要とする．図 4.10 は，10% のマージンをとって，t_r, t_f を考えた場合の例である．このような特性を**スイッチング特性**という．

　ディジタル IC は，入力信号を受け取ってから，それに対応する出力信号を出すまでに時間を必要とする．この時間を，**伝達遅延時間**という．図 4.11 に，信号が 50% 変化した点を基準と考えた場合の伝達遅延時間の例を示す．立ち上がり時の伝達遅延時間が t_{PLH}，立ち下がり時の伝達遅延時間が t_{PHL} である．伝達遅延時間は，動作時間

図 4.10 スイッチング特性の例　　　図 4.11 伝達遅延時間の例

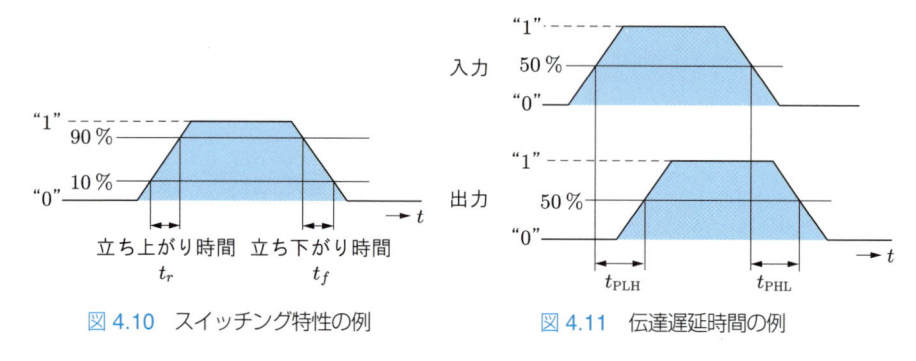

とも考えられるため，短いほど高速に動作することを表している． ↳ 章末問題 4.5

4.2.4 論理レベル

ディジタル IC が，信号を "0" または "1" と判断する電圧を**論理レベル**という．図 4.12 に，74 シリーズ AC ファミリの論理レベル例を示す．ディジタル IC を確実に動作させるためには，規定された論理レベルの範囲で使用する必要がある．一方，入力電圧について，ディジタル IC が信号を "0" または "1" と判断する境界の電圧を**スレッショルド** (threshold) **電圧**，または**閾値電圧**という．

($V_{DD} = 5.5\,\mathrm{V}$, $T_A = 25\,\mathrm{°C}$ の場合)

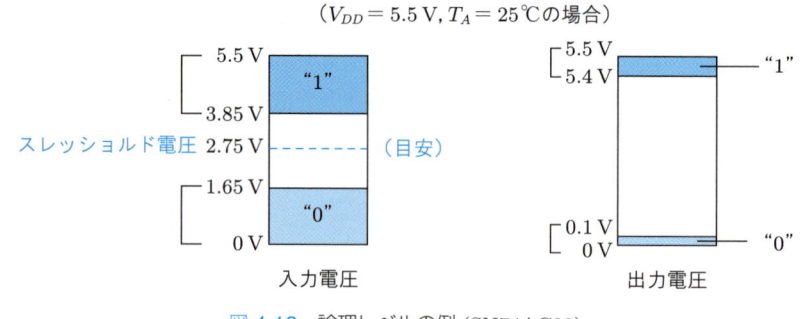

図 4.12 論理レベルの例 (SN74AC00)

↳ 章末問題 4.6

図 4.13 に示す回路について考えよう．スイッチ SW が OFF の場合は端子 A が "0"，ON の場合は端子 A が "1" になることを期待した回路である．

この回路では，スイッチ SW が OFF のときに，端子 A はどこにも接続されない状態になってしまう．この状態を，**ハイインピーダンス** (high-impedance) という．正論理において，信号が "0" の電位は，グラウンド電位と同じでなければならない．したがって，この回路では，スイッチ SW が OFF のときに，端子 A の電位が定まらずに誤動作を起こす可能性がある．図 4.14 は，スイッチ SW が OFF のときに端子 A がグラウンド電位になるように抵抗 R を挿入した回路である．このような抵抗を**プル**

4 章　ディジタル IC

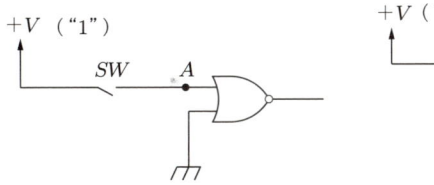

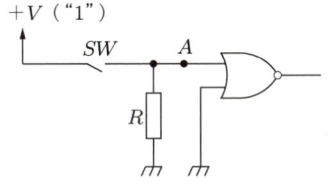

図 4.13 スイッチ回路（間違い）　　図 4.14 スイッチ回路（正しい）

ダウン抵抗 (pull-down resistor) という．同じように，ある端子の電位を $+V$ に引き上げるために挿入する抵抗を**プルアップ抵抗** (pull-up resistor) という．↳章末問題 4.7

ディジタル IC は，ファミリが異なると，論理レベルが異なることがある．図 4.15 は，異なるファミリのディジタル IC を混在させて使用した例である．LS ファミリのディジタル IC が "1" を出力している場合は，2.7 V 以上の電圧を出す．一方，AC ファミリのディジタル IC の入力端子は，3.85 V 以上を "1" と判断する．したがって，そのまま接続すると，たとえば LS ファミリの IC が "1" として 3.0 V を出力した場合に，AC ファミリの IC は "0" が入力されたと判断してしまう可能性がある．このような際，図 4.15 に示したように，プルアップ抵抗を挿入すれば，LS ファミリの IC が "1" を出力した場合の電位を 5.5 V 付近まで引き上げることができる．

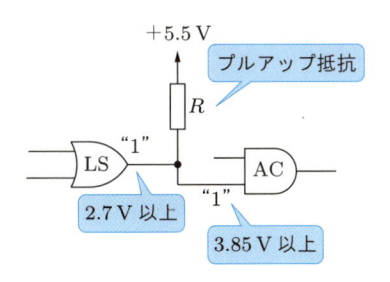

図 4.15 異なるファミリの混在使用の例

↳章末問題 4.8

4.3 ディジタル IC の使い方

4.3.1 ファンアウト

図 4.16 に示すように，ディジタル IC の出力端子の信号によって，出力端子と入力端子には，**吸い込み電流**または**吐き出し電流**が流れる．

たとえば，図 4.17 に示すように，AND ゲートの出力端子 1 本に，OR ゲートの入力端子を複数接続する場合を考えよう．AND ゲートの出力端子が "0" のときの吸い込み電流 i_i は，OR ゲートの吐き出し電流 i_o の総和になる．一方，AND ゲートが吸

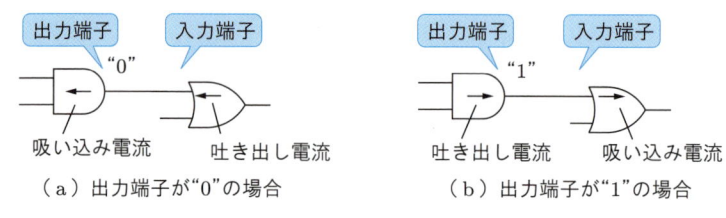

図4.16　吸い込み電流と吐き出し電流

(a) 出力端子が"0"の場合 — 吸い込み電流／吐き出し電流
(b) 出力端子が"1"の場合 — 吐き出し電流／吸い込み電流

い込むことのできる電流の大きさには限界がある．つまり，出力端子に接続できる入力端子の数は限られる．1本の出力端子に接続できる入力端子の最大本数を**ファンアウト** (fan out) という．

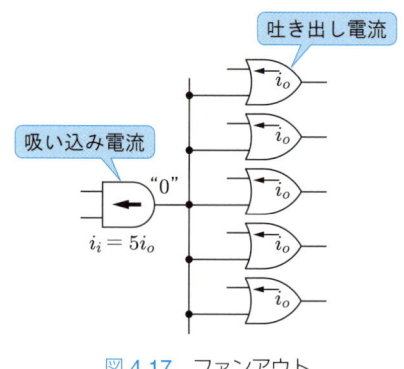

図4.17　ファンアウト

$i_i = 5i_o$

↳章末問題 **4.9**

TTL は，出力端子が "0" のときの最大吸い込み電流が 8 mA 程度，入力端子の吐き出し電流が 0.4 mA 程度である．また，出力端子が "1" のときの最大吐き出し電流が 0.4 mA 程度，入力端子の吸い込み電流が 0.02 mA 程度である．このことから，ファンアウトは，20 本程度 ($8 \div 0.4 = 20, 0.4 \div 0.02 = 20$) となる．

CMOS は，入力抵抗が高いために，入力端子に流れる電流はごくわずか (0.1 μA 程度) であり，この点から考えるとファンアウトは非常に大きくなる．しかし，入力端子にある静電容量 (5 pF 程度) に電流が流れるため，実際のファンアウトは 50 本程度となる．

また，ゲートの入力端子数を**ファンイン** (fan in) という．たとえば，図 4.17 に示した AND ゲートのファンインは 2 本である．

↳章末問題 **4.10**

4.3.2　オープンドレイン

ディジタル IC の出力端子に流せる最大電流を超える負荷を接続する場合には，外部にドライブ回路を設けることが必要になる．図 4.18 は，トランジスタを使用して，

リレー（電磁継電器）RL を動作させるドライブ回路の例である．リレーに接続されているダイオード D は，コイルに生じる逆起電力の影響を防ぐ働きをしている．このドライブ回路で制御できるリレーの駆動電流は，トランジスタ Tr のコレクタ電流の定格までとなる．しかし，リレーの接点を使用することで，より大きな電流の制御が可能となる．

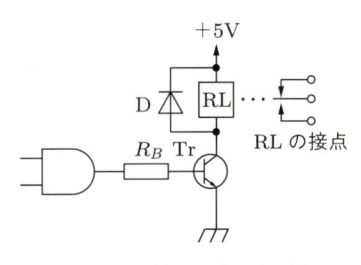

図 4.18　ドライブ回路の例

　CMOS には，出力段に大きな電流が流せる FET を使用し，そのドレイン端子を IC 内部で他の回路と接続していない，**オープンドレイン**とよばれる形式がある．この IC は，外部に負荷抵抗が必要となるが，大きな吸い込み電流が流せるため，通常のディジタル IC よりも大きな負荷を制御できる．TTL でも同様に，**オープンコレクタ**とよばれる形式がある．

　通常のディジタル IC は，出力端子どうしを接続することができない．しかし，オープンドレインやオープンコレクタ形式の IC は，出力端子どうしを接続することができる．図 4.19 は，オープンドレイン形式の NAND ゲートの出力端子どうしを接続した回路例である．この回路は，**ワイヤード AND** とよばれ，表 4.4 に示す真理値表のように動作する．また，この真理値表を負論理で考えることで，**ワイヤード OR** とよぶこともある．

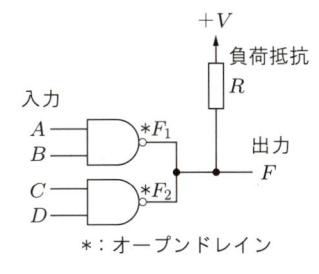

図 4.19　ワイヤード AND の回路

表 4.4　ワイヤード AND の真理値表

F_1	F_2	F
0	0	0
0	1	0
1	0	0
1	1	1

↳章末問題 4.11

4.3　ディジタル IC の使い方

4.3.3 バイパスコンデンサ

ディジタル IC を使用した回路では，IC の出力 "0" と "1" が切り替わることで，消費電流が変動する．この変動量は，高速に動作する回路ほど大きくなる．このため，大きな電流が必要となった際に電源からの供給が間に合わなくなり，誤動作を引き起こすことがある．この対処法として，ディジタル IC の近くにコンデンサを配置する方法がある（図 4.20）．これにより，消費電流が少ない間に蓄えたエネルギーを，大きな電流が必要になったときに供給することができる．このコンデンサを**バイパスコンデンサ**（略して，**パスコン**）という．バイパスコンデンサは，電源ラインに乗った高周波ノイズをグラウンドに逃がすことで誤動作を防ぐ役割も果たす．

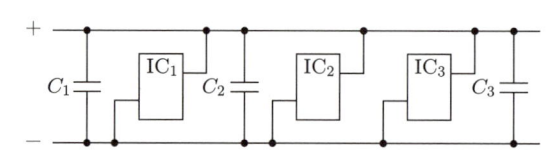

図 4.20 バイパスコンデンサの接続例

コンデンサの特性として，低周波用（電流の供給）には**アルミ電解コンデンサ**，高周波用（ノイズの除去）には**セラミックコンデンサ**が適している．このため，図 4.21 に示す 2 種類のコンデンサを並列接続して，ディジタル IC の近くに配置することもある．

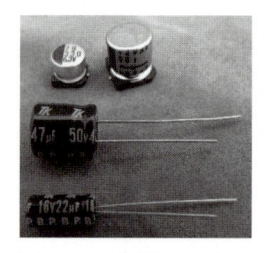

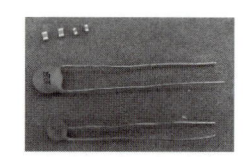

（a）アルミ電解コンデンサ　　（b）セラミックコンデンサ

図 4.21　コンデンサの外観例（どちらも上部はチップ型）

↳章末問題 **4.12**

■ 章末問題 4

4.1　NOT ゲート回路について，トランジスタを用いた回路（図 4.4）と CMOS 回路（図 4.5）の特徴を比較しなさい．
4.2　表 4.5 において，優れている箇所に○，劣っている箇所に×を記入しなさい．
4.3　74AC00 と 54AC00 について，動作温度に関する推奨動作条件を調べて比較しなさい．
4.4　推奨動作条件と絶対最大定格の違いを説明しなさい．

表 4.5　TTL と CMOS の比較

ディジタル IC	集積度	消費電力	動作速度	電源電圧範囲
TTL				
CMOS				

4.5　図 4.22(a) の回路の動作を表すタイムチャートを図 (b) に示してある．このタイムチャートを，ゲート IC の伝搬遅延時間を考慮して書き換えなさい．

（a）回路　　　　　　　（b）タイムチャート

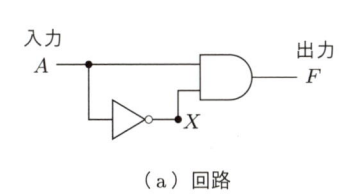

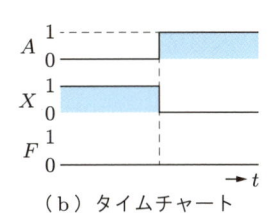

図 4.22

4.6　次の用語について説明しなさい．
　（1）論理レベル　　　（2）ディジタル IC のスレッショルド電圧

4.7　図 4.14 を参考にして，スイッチ SW を ON にすると端子 A が "0"，OFF にすると端子 A が "1" になる回路を描きなさい．また，この回路で用いた抵抗を何とよぶか答えなさい．

4.8　ディジタル IC の異なるファミリを混在使用するときの注意点を挙げなさい．

4.9　ディジタル IC のファンアウトとは何か説明しなさい．

4.10　あるディジタル IC について，出力端子が "0" のときの最大吸い込み電流を 10 mA，入力端子の吐き出し電流を 0.5 mA とする．また，出力端子が "1" のときの最大吐き出し電流を 0.7 mA，入力端子の吸い込み電流を 0.04 mA とする．このディジタル IC のファンアウトを計算しなさい．

4.11　オープンドレイン形式の CMOS の長所と短所を挙げなさい．

4.12　バイパスコンデンサの主な働きを二つ挙げなさい．

5章 組み合わせ回路

論理回路は，**組み合わせ回路** (combinational circuit) と**順序回路** (sequential circuit) に大別できる．組み合わせ回路は，入力のみによって動作後の出力が決まる回路である．一方，順序回路は，同じ入力を行ったからといって，いつも同じ出力が得られるとは限らない（詳しくは第 9 章で学ぶ）．この章では，組み合わせ回路の基本として，加算回路，エンコーダやデコーダなどについて理解しよう．

5.1 加算回路

5.1.1 半加算器

算術演算の基本は四則演算である．その中で，乗算は加算の繰り返し，除算は減算の繰り返しで計算できる．また，2 進数の減算は 2 の補数を利用すれば加算として計算できる（第 1 章参照）．つまり，加算ができれば他の演算も計算できる．ここでは，1 ビットのデータ 2 個 (A, B) を加算する**半加算器**（**HA**: half adder）について説明する．半加算器は，下記のように 2 進数の入力 A, B を算術加算した結果を，和 S (sum)，桁上がり C (carry) として出力する回路である．

【例】

$$
\begin{array}{r} A \\ +)\ B \\ \hline CS \end{array} \qquad \begin{array}{r} 1 \\ +)\ 1 \\ \hline 10 \end{array}
$$

図 5.1 に半加算器の図記号，表 5.1 にその真理値表を示す．

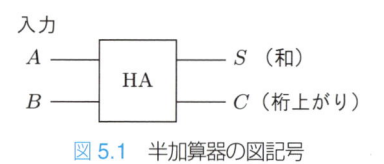

表 5.1 半加算器の真理値表

A	B	S	C
0	0	0	0
0	1	1	0
1	0	1	0
1	1	0	1

図 5.1 半加算器の図記号

表 5.1 に示した真理値表から，論理式を導出すると，式 (5.1) のようになる．

$$
\left. \begin{array}{l} S = \overline{A} \cdot B + A \cdot \overline{B} \\ C = A \cdot B \end{array} \right\} \tag{5.1}
$$

式 (5.1) が論理圧縮できないのは明らかであり，これを回路にすると図 5.2 のようになる．

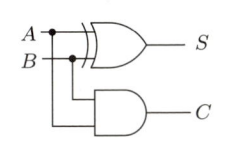

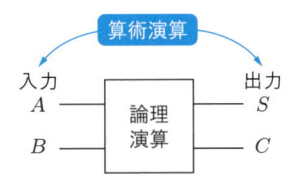

図 5.2　半加算器の回路図　　　図 5.3　論理演算と算術演算

　図 5.2 は，論理演算の EX-OR と AND を組み合わせた論理回路である．同時に半加算器の真理値表を満たす算術演算回路として動作する．つまり，論理演算を工夫して，その入力と出力の関係を目的とする算術演算の結果と対応させている（図 5.3）．このようにすれば，論理演算を用いて算術演算を実現できる．

　半加算器は，桁上がりデータを出力できるが，下位ビットからの桁上がりデータを入力することができない．このため，半分の機能しかもたない半人前の加算器という意味で半加算器とよばれる．

5.1.2　全加算器

　複数ビットどうしの加算回路を考えよう．図 5.4 は，4 ビットどうしのデータ A と B を加算する様子を示している．

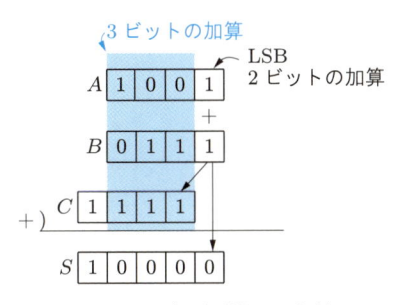

図 5.4　4 ビットどうしの加算

　最下位ビット (LSB) では，2 個のデータを加算すればよいため半加算器が使用できる．しかし，上位の計算では，下位から桁上がりデータ C を受け取って，3 個のデータ A, B, C を加算する必要があるため半加算器では対応できない．3 個のデータを加算できる回路を**全加算器**（**FA**: full adder）という．図 5.5 に全加算器の図記号，表 5.2 にその真理値表を示す．

　表 5.2 に示した真理値表から，論理式を導出すると，式 (5.2) のようになる．

$$\left.\begin{array}{l}S = \overline{A} \cdot \overline{B} \cdot C_i + \overline{A} \cdot B \cdot \overline{C_i} + A \cdot \overline{B} \cdot \overline{C_i} + A \cdot B \cdot C_i \\ C_o = \overline{A} \cdot B \cdot C_i + A \cdot \overline{B} \cdot C_i + A \cdot B \cdot \overline{C_i} + A \cdot B \cdot C_i\end{array}\right\} \quad (5.2)$$

5.1　加算回路

表 5.2 全加算器の真理値表

A	B	C_i	S	C_o
0	0	0	0	0
0	0	1	1	0
0	1	0	1	0
0	1	1	0	1
1	0	0	1	0
1	0	1	0	1
1	1	0	0	1
1	1	1	1	1

図 5.5　全加算器の図記号

式 (5.2) をカルノー図で表すと図 5.6 のようになり，C_o が論理圧縮できるため，全加算器の論理式は，式 (5.3) のようになる．これを回路にすると図 5.7 のようになる．

$$\left.\begin{array}{l} S = \overline{A} \cdot \overline{B} \cdot C_i + \overline{A} \cdot B \cdot \overline{C_i} + A \cdot \overline{B} \cdot \overline{C_i} + A \cdot B \cdot C_i \\ C_o = A \cdot B + A \cdot C_i + B \cdot C_i \end{array}\right\} \quad (5.3)$$

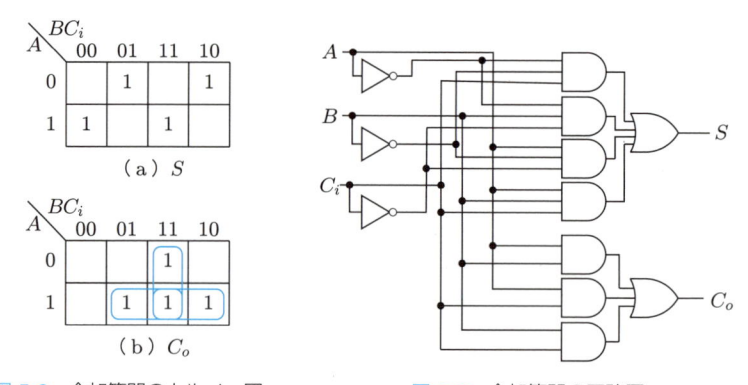

図 5.6　全加算器のカルノー図　　　図 5.7　全加算器の回路図

全加算器は，図 5.8 に示すように半加算器 2 個を用いて構成することもできる．

図 5.8 には，式 (5.1) の半加算器の動作を考えて各部に対応する論理式を記入してある．この論理式 S と C_o を以下のように変形する．

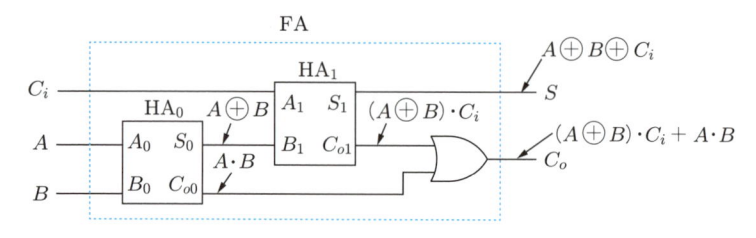

図 5.8　半加算器による全加算器の構成

$$S = A \oplus B \oplus C_i$$
$$= (\overline{A \oplus B}) \cdot C_i + (A \oplus B) \cdot \overline{C_i}$$
$$= (\overline{A} \cdot \overline{B} + A \cdot B) \cdot C_i + (\overline{A} \cdot B + A \cdot \overline{B}) \cdot \overline{C_i}$$
$$= \overline{A} \cdot \overline{B} \cdot C_i + \overline{A} \cdot B \cdot \overline{C_i} + A \cdot \overline{B} \cdot \overline{C_i} + A \cdot B \cdot C_i \quad (5.4)$$

$$C_o = (A \oplus B) \cdot C_i + A \cdot B$$
$$= (\overline{A} \cdot B + A \cdot \overline{B}) \cdot C_i + A \cdot B \cdot (\overline{C_i} + C_i)$$
$$= \overline{A} \cdot B \cdot C_i + A \cdot \overline{B} \cdot C_i + A \cdot B \cdot \overline{C_i} + A \cdot B \cdot C_i \quad (5.5)$$

式 (5.4) と式 (5.5) は，式 (5.2) に示した全加算器の論理式と一致している．つまり，図 5.8 の回路が全加算器の動作をすることが確認できた．

加算器と同様に考えれば，**半減算器** (**HS**: half subtracter) および，**全減算器** (**FS**: full subtracter) を設計することができる．また，2 個の半減算器を用いて 1 個の全減算器を構成できることも同様である．

↳ 章末問題 **5.1**, **5.2**

5.1.3 ノイマンの全加算器

式 (5.3) として求めた全加算器の論理式を再掲する．

$$\left. \begin{array}{l} S = \overline{A} \cdot \overline{B} \cdot C_i + \overline{A} \cdot B \cdot \overline{C_i} + A \cdot \overline{B} \cdot \overline{C_i} + A \cdot B \cdot C_i \\ C_o = A \cdot B + A \cdot C_i + B \cdot C_i \end{array} \right\} \quad (5.3 \text{ 再掲})$$

この式は，カルノー図によってこれ以上論理圧縮できないことを確認している．しかし，次のように論理式の変形を行うと，実際の回路を簡単化することができる．

補元の法則によって，すべて 0 となる $\overline{A} \cdot C_i \cdot \overline{C_i}$, $\overline{B} \cdot C_i \cdot \overline{C_i}$, $\overline{A} \cdot B \cdot \overline{B}$, $B \cdot \overline{B} \cdot \overline{C_i}$, $A \cdot \overline{A} \cdot \overline{B}$, $A \cdot \overline{A} \cdot \overline{C_i}$ を S の論理式に加えて整理すると式 (5.6) が得られる．

$$\begin{aligned} S &= (\overline{A} \cdot \overline{B} \cdot C_i + \overline{A} \cdot C_i \cdot \overline{C_i} + \overline{B} \cdot C_i \cdot \overline{C_i}) \\ &\quad + (\overline{A} \cdot B \cdot \overline{C_i} + \overline{A} \cdot B \cdot \overline{B} + B \cdot \overline{B} \cdot \overline{C_i}) \\ &\quad + (A \cdot \overline{B} \cdot \overline{C_i} + A \cdot \overline{A} \cdot \overline{B} + A \cdot \overline{A} \cdot \overline{C_i}) + A \cdot B \cdot C_i \\ &= C_i \cdot (\overline{A} \cdot \overline{B} + \overline{A} \cdot \overline{C_i} + \overline{B} \cdot \overline{C_i}) + B \cdot (\overline{A} \cdot \overline{B} + \overline{A} \cdot \overline{C_i} + \overline{B} \cdot \overline{C_i}) \\ &\quad + A \cdot (\overline{A} \cdot \overline{B} + \overline{A} \cdot \overline{C_i} + \overline{B} \cdot \overline{C_i}) + A \cdot B \cdot C_i \\ &= (A + B + C_i) \cdot (\overline{A} \cdot \overline{B} + \overline{A} \cdot \overline{C_i} + \overline{B} \cdot \overline{C_i}) + A \cdot B \cdot C_i \quad (5.6) \end{aligned}$$

一方，C_o の論理式から，式 (5.7) のように $\overline{C_o}$ の論理式を得る．

$$C_o = A \cdot B + A \cdot C_i + B \cdot C_i \quad \text{より}$$
$$\overline{C_o} = \overline{A \cdot B + A \cdot C_i + B \cdot C_i} = (\overline{A \cdot B}) \cdot (\overline{A \cdot C_i}) \cdot (\overline{B \cdot C_i})$$

$$= (\overline{A} + \overline{B}) \cdot (\overline{A} + \overline{C_i}) \cdot (\overline{B} + \overline{C_i}) = \overline{A} \cdot \overline{B} + \overline{A} \cdot \overline{C_i} + \overline{B} \cdot \overline{C_i} \tag{5.7}$$

式 (5.7) を式 (5.6) に代入して，式 (5.8) を得る．

$$S = (A + B + C_i) \cdot \overline{C_o} + A \cdot B \cdot C_i \tag{5.8}$$

式 (5.7) と式 (5.8) を回路図で表すと図 5.9 にようになる．これを，図 5.7 に示した全加算器の回路図と比較すると，入力側に NOT が不要となり，ゲートのファンイン（入力端子数）が少ないなど，回路が簡単化されていることがわかる．図 5.9 の回路を**ノイマン** (Neumann) **の全加算器**という．

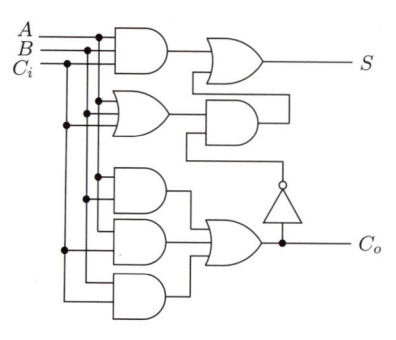

図 5.9　ノイマンの全加算器

5.2　直並列加算回路

5.2.1　直列加算回路

複数ビットどうしの加算を行う回路は，**直列加算回路**と並列加算回路に大別できる．直列加算回路は，図 5.10 に示すように，全加算器 FA と 1 ビットの**レジスタ** (register) 各 1 個を用いて構成する．レジスタは，データを記憶しておく装置であり，**置数器**ともよばれる．

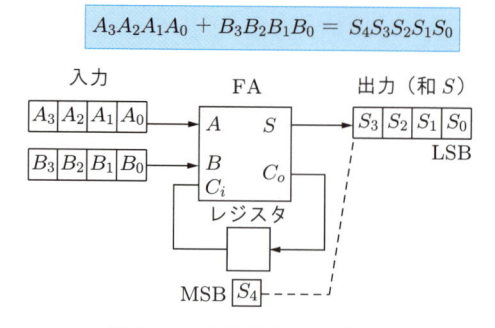

図 5.10　直列加算回路の構成例

入力側では，はじめに加算データ A_0，B_0 を全加算器に入力する．すると，出力側では，その和 S_0 を和 S の最下位ビット (LSB) の値として出力する．また，桁上がりデータ C_o はレジスタに記憶し，次の演算時 $(A_1 + B_1)$ に合わせて加算する．このように，加算データを 1 ビットずつ**シリアル**（serial：直列）に加算していくことで複数ビットどうしの加算を実現する．すべての演算が終了したときに，レジスタに記憶されているデータは，和 S の最上位ビット (MSB) の値となる．入出力側で，データを 1 ビットずつずらしながら加算するためには，第 8 章で学ぶシフトレジスタが利用できる．直列加算回路は，計算に時間がかかるが，全加算器は 1 個ですむことが特徴である．

5.2.2　リプルキャリー型並列加算回路

　並列加算回路は，加算器を必要なビット数分並べて，**パラレル**（parallel：並列）に加算処理を行えるように構成する．図 5.11 に，4 ビットどうしの加算を行う**リプルキャリー** (ripple carry) **型**とよばれる**並列加算回路**の構成例を示す．最下位ビット (LSB) の全加算器 FA_0 については，半加算器を使用することもできる．

$$A_3A_2A_1A_0 + B_3B_2B_1B_0 = S_4S_3S_2S_1S_0$$

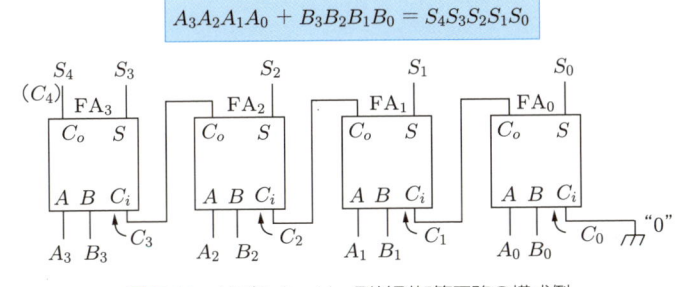

図 5.11　リプルキャリー型並列加算回路の構成例

　リプルキャリー型並列加算回路は，直列加算回路に比べて使用する加算器数が増えるが，高速な演算が可能になる．しかし，下位ビットからの桁上がりデータを上位ビットに順次送りながら加算を行うため，最終的な演算結果を得るのに時間がかかる．

↳ 章末問題 **5.3**

5.2.3　キャリールックアヘッド型並列加算回路

　リプルキャリー型並列加算回路の欠点である，最終的な演算結果を得るのに時間がかかることを解決したのが，**キャリールックアヘッド** (carry look-ahead) **型並列加算回路**である．

例として，リプルキャリー型並列加算回路において 4 ビットどうしの加算 $A_3A_2A_1A_0$ $+ B_3B_2B_1B_0 = S_4S_3S_2S_1S_0$ を考える．ここで，最下位ビットの加算 $A_0 + B_0$ を行った際の桁上がり C_1（図 5.11 参照）は，式 (5.9) のようになる（式 (5.1) 参照）．

$$C_1 = A_0 \cdot B_0 \tag{5.9}$$

また，桁上がり C_2 が "1" になるのは，A_1 と B_1 の両方が "1" か，どちらか一方が "1" かつ C_1 が "1" のときであることから，式 (5.10) が得られる（式 (5.5) 参照）．

$$C_2 = A_1 \cdot B_1 + (\overline{A_1} \cdot B_1 + A_1 \cdot \overline{B_1}) \cdot C_1 \tag{5.10}$$

ブール代数の諸定理を用いて式 (5.10) を変形すると，式 (5.11) のようになる．

$$\begin{aligned}
C_2 &= A_1 \cdot B_1 + (\overline{A_1} \cdot B_1 + A_1 \cdot \overline{B_1}) \cdot C_1 \\
&= A_1 \cdot B_1 + \overline{A_1} \cdot B_1 \cdot C_1 + A_1 \cdot \overline{B_1} \cdot C_1 \\
&= A_1 \cdot (B_1 + \overline{B_1} \cdot C_1) + \overline{A_1} \cdot B_1 \cdot C_1 \\
&= A_1 \cdot (B_1 + C_1) + \overline{A_1} \cdot B_1 \cdot C_1 \\
&= A_1 \cdot B_1 + C_1 \cdot (A_1 + \overline{A_1} \cdot B_1) \\
&= A_1 \cdot B_1 + C_1 \cdot (A_1 + B_1)
\end{aligned} \tag{5.11}$$

式 (5.11) に，式 (5.9) を代入すると，式 (5.12) のようになる．

$$C_2 = A_1 \cdot B_1 + A_0 \cdot B_0 \cdot (A_1 + B_1) \tag{5.12}$$

桁上がり C_3 についても式 (5.10) の C_2 と同様に考えると，式 (5.13) が得られる．

$$\begin{aligned}
C_3 &= A_2 \cdot B_2 + (\overline{A_2} \cdot B_2 + A_2 \cdot \overline{B_2}) \cdot C_2 \\
&= A_2 \cdot B_2 + C_2 \cdot (A_2 + B_2)
\end{aligned} \tag{5.13}$$

式 (5.13) に，式 (5.12) を代入すると，式 (5.14) のようになる．

$$C_3 = A_2 \cdot B_2 + \{A_1 \cdot B_1 + A_0 \cdot B_0 \cdot (A_1 + B_1)\} \cdot (A_2 + B_2) \tag{5.14}$$

このように，i 番目の桁上がり C_{i+1} は，式 (5.15) で表すことができる（式 (5.11)，式 (5.13) 参照）．

$$C_{i+1} = A_i \cdot B_i + C_i \cdot (A_i + B_i) \tag{5.15}$$

さて，導出したそれぞれの桁上がり C_1（式 (5.9)），C_2（式 (5.12)），C_3（式 (5.14)）を表す式の右辺は，A_0, A_1, A_2, B_0, B_1, B_2 のいずれかの論理変数のみから成っている．これらの論理変数は，加算するデータである．つまり，すべての桁上がりデータは，加算する値が与えられた時点で決定することができる．図 5.12 は，このことを考慮して構成したキャリールックアヘッド型並列加算回路の構成例である．

$$A_3A_2A_1A_0 + B_3B_2B_1B_0 = S_4S_3S_2S_1S_0$$

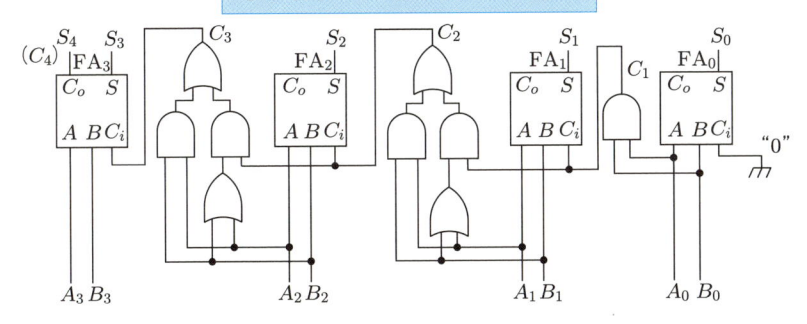

図 5.12　キャリールックアヘッド型並列加算回路の構成例

この加算回路は，各全加算器の桁上がり出力 C_o を演算に使用しない．このため，各ビットが下位からの桁上がりデータを待つことなく，加算する値のみによって演算を実行できるため高速に動作する．

5.2.4　加減算回路

第 1 章で学んだように，2 の補数による負の数を用いて表された 2 進数は，減算を加算として計算できる（図 5.13）．

$$A_3A_2A_1A_0 - B_3B_2B_1B_0 \quad \longleftarrow \cdots \cdots \text{減算}$$
$$= A_3A_2A_1A_0 + (-B_3B_2B_1B_0)$$
$$= A_3A_2A_1A_0 + (B_3B_2B_1B_0 \text{の2の補数}) \longleftarrow \cdots \text{加算}$$
$$\text{NOT} + \text{``1''}$$

図 5.13　減算を加算として計算

このことを利用すれば，加算器を使用して減算を行うことが可能になる．図 5.14 は，4 ビットの加算と減算ができる**加減算回路**の構成例である．

回路には，4 個の全加算器による並列加算回路を使用し，最下位ビットの桁上がり入力 C_i への接続線を制御信号 G としている．

(1) 制御信号 $G =$ "0" の場合：加算回路として動作する

すべての 2 入力 EX-OR ゲートの一つの端子が "0" となるので，$B_3'B_2'B_1'B_0' = B_3B_2B_1B_0$ となり，$A_3A_2A_1A_0 + B_3B_2B_1B_0 = S_4S_3S_2S_1S_0$ の加算が計算される．また，C_i は "0" であるために，加算結果に影響しない．

(2) 制御信号 $G =$ "1" の場合：減算回路として動作する

すべての 2 入力 EX-OR ゲートの一つの端子が "1" となるので，$B_3'B_2'B_1'B_0'$ は $B_3B_2B_1B_0$ の NOT となる．さらに，C_i が "1" であるために，NOT した値に "1" が加算される．つまり，$B_3B_2B_1B_0$ に対する 2 の補数を並列加算回路に入力したことに

$$A_3A_2A_1A_0 \pm B_3B_2B_1B_0 = S_4S_3S_2S_1S_0$$

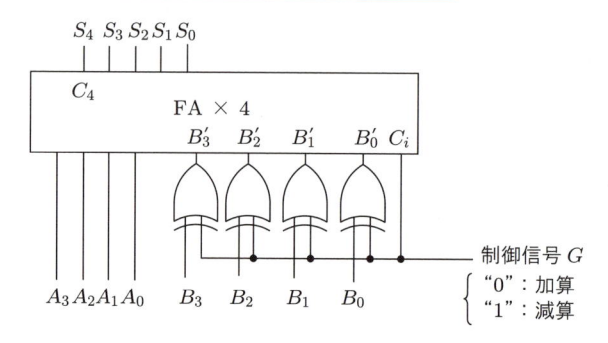

図 5.14　加減算回路の構成例

なるため，$A_3A_2A_1A_0 - B_3B_2B_1B_0 = S_3S_2S_1S_0$ の減算が計算される．

↳ 章末問題 5.4

5.3　データ変換回路

5.3.1　エンコーダとデコーダ

図 5.15(a) において，入力 $A_0 \sim A_3$ の中のどれか1ビットだけが "1" になるとする．この，"1" になっている入力に対応する複数ビットのデータ $F_0 \sim F_4$ を出力する回路を**エンコーダ**（encoder：符号器）という．また，図 5.15(b) において，入力 $A_0 \sim A_2$ の3ビットデータによって，$F_0 \sim F_3$ のどれか1ビットだけに "1" を出力する回路を**デコーダ**（decoder：解読器）という．エンコーダとデコーダは，互いに反対の働きをする回路であると考えられる．図 5.15 は例であり，入力と出力のビット数は任意である．

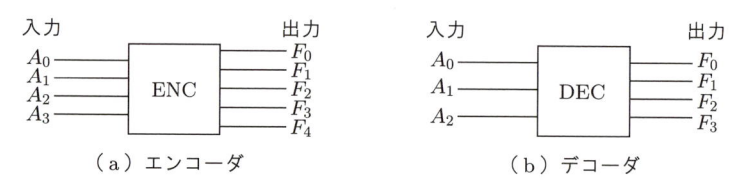

図 5.15　エンコーダとデコーダの考え方

5.3.2　エンコーダの設計

10進数を2進数に基数変換する回路を設計しよう．論理回路で扱えるのは，基本的に2進数だけであるから，10進数を扱う場合には工夫が必要となる．このため，図 5.16 に示す回路構成を考える．

```
入力 "0 0 1 0 0 0 0 0 0 0"  ← 10進数 7D
      | | | | | | | | | |
     ┌─────────────────────┐
     │ A_9 A_8 A_7 A_6 A_5 A_4 A_3 A_2 A_1 A_0 │
     │ (9   8   7   6   5   4   3   2   1   0) │
     │         F_3 F_2 F_1 F_0                  │
     └─────────────────────┘
           | | | |
出力      "0 1 1 1"  ← 2進数 0111B
```

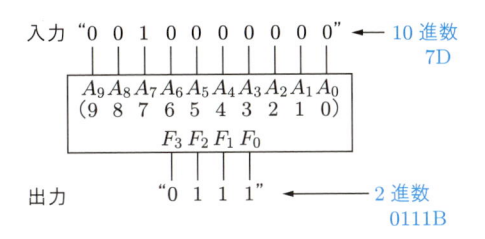

図5.16　10進−2進変換回路の構成

　この回路では，10ビットの入力 $A_0 \sim A_9$ の各端子を10進数1桁の値に対応させている．そして，入力された10進数に対応する2進数を4ビット $F_0 \sim F_3$ で出力する．つまり，この回路はエンコーダとして動作する．表5.3に，このエンコーダの真理値表を示す．

表5.3　10進−2進変換エンコーダの真理値表

A_9	A_8	A_7	A_6	A_5	A_4	A_3	A_2	A_1	A_0	F_3	F_2	F_1	F_0
0	0	0	0	0	0	0	0	0	1	0	0	0	0
0	0	0	0	0	0	0	0	1	0	0	0	0	1
0	0	0	0	0	0	0	1	0	0	0	0	1	0
0	0	0	0	0	0	1	0	0	0	0	0	1	1
0	0	0	0	0	1	0	0	0	0	0	1	0	0
0	0	0	0	1	0	0	0	0	0	0	1	0	1
0	0	0	1	0	0	0	0	0	0	0	1	1	0
0	0	1	0	0	0	0	0	0	0	0	1	1	1
0	①	0	0	0	0	0	0	0	0	①	0	0	0
①	0	0	0	0	0	0	0	0	0	①	0	0	1

　真理値表から加法標準形の論理式を求めれば，論理回路を描くことができるが，より簡単な方法がある．エンコーダは，複数入力のうち1ビットのみが "1" となる回路である．このため，たとえば真理値表の出力 F_3 が "1" となるのは，入力 A_8，A_9 のいずれかが "1" になるときである．これより，F_3 の論理式は，以下のようになる．

$$F_3 = A_9 + A_8$$

図5.17は，F_3 部分の回路図である．

　同様に考えて，出力 $F_0 \sim F_2$ についての回路を加筆すると，次の論理式と図5.18に示す10進−2進変換エンコーダ回路が得られる．ここで，入力 A_0 は，どこにも接続されない配線となる．

$$F_0 = A_9 + A_7 + A_5 + A_3 + A_1$$

$$F_1 = A_7 + A_6 + A_3 + A_2$$

5.3　データ変換回路

図 5.17　F_3 部分の回路　　図 5.18　10 進−2 進変換エンコーダ回路

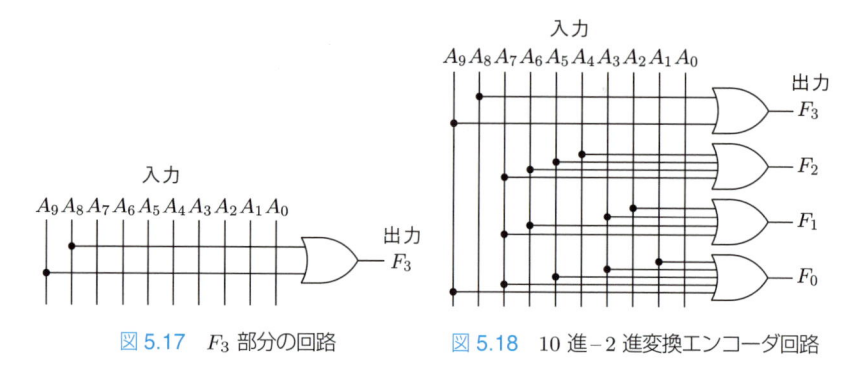

$$F_2 = A_7 + A_6 + A_5 + A_4$$

$$F_3 = A_9 + A_8$$

　図 5.18 は，10 進数 1 桁を 2 進数 4 ビットに対応させる回路であるから，第 1 章で学んだ 2 進化 10 進数 (BCD) に対応する．したがって，図 5.19 に示すように，複数の 10 進−2 進変換エンコーダを使用すれば，10 進数を 2 進化 10 進数に変換する回路を構成できる．また，次に学ぶデコーダを使用すれば，図 5.19 とは逆に，2 進化 10 進数を 10 進数に変換する回路が構成できる．

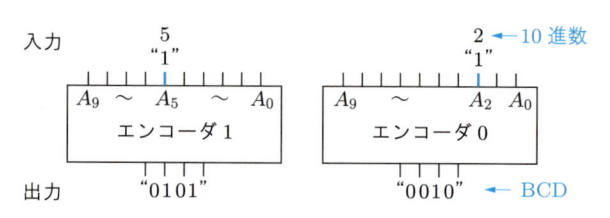

図 5.19　10 進−BCD 変換回路

5.3.3　デコーダの設計

2 進数を 10 進数に基数変換する回路として，図 5.20 に示すような構成を考える．

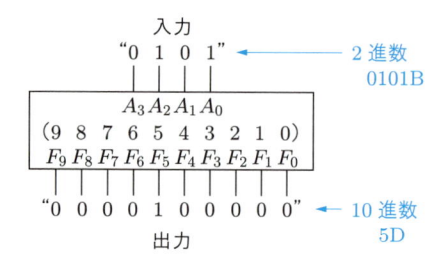

図 5.20　2 進−10 進変換回路の構成

この回路では，入力 A_0〜A_3 に 4 ビットの 2 進数を入力する．すると，出力端子の一つだけが "1" を出力し，他の出力端子はすべて "0" を出力する．"1" を出力した端子は，入力された 2 進数に対応した 10 進数の値を示している．この回路は，デコーダとして動作する．表 5.4 に，このデコーダの真理値表を示す．

表 5.4　2 進 − 10 進変換デコーダの真理値表

A_3	A_2	A_1	A_0	F_9	F_8	F_7	F_6	F_5	F_4	F_3	F_2	F_1	F_0
0	0	0	0	0	0	0	0	0	0	0	0	0	1
0	0	0	1	0	0	0	0	0	0	0	0	1	0
0	0	1	0	0	0	0	0	0	0	0	1	0	0
0	0	1	1	0	0	0	0	0	0	1	0	0	0
0	1	0	0	0	0	0	0	0	1	0	0	0	0
0	1	0	1	0	0	0	0	1	0	0	0	0	0
0	1	1	0	0	0	0	1	0	0	0	0	0	0
0	1	1	1	0	0	1	0	0	0	0	0	0	0
1	0	0	0	0	1	0	0	0	0	0	0	0	0
1	0	0	1	1	0	0	0	0	0	0	0	0	0

この真理値表について，出力 F_0〜F_9 を個別にみると，出力が "1" となっているのはすべて 1 箇所のみである．このため，加法標準形の論理式は単項となり，次のように容易に導出できる．

$$F_0 = \overline{A_3} \cdot \overline{A_2} \cdot \overline{A_1} \cdot \overline{A_0}$$

$$F_1 = \overline{A_3} \cdot \overline{A_2} \cdot \overline{A_1} \cdot A_0$$

$$F_2 = \overline{A_3} \cdot \overline{A_2} \cdot A_1 \cdot \overline{A_0}$$

$$\vdots$$

$$F_9 = A_3 \cdot \overline{A_2} \cdot \overline{A_1} \cdot A_0$$

上記の論理式をみると，入力論理変数それぞれの肯定と否定が多く現れている．このような論理式から回路図を描く場合は，図 5.21 に示すように，入力論理変数の肯定と否定の配線を引き出した後に，残りの作図をするとよい．図 5.21 は，2 進 − 10 進変換デコーダ回路である．

実用的なデコーダ回路を設計してみよう．図 5.22 は，**7 セグメント LED** とよばれる電子部品であり，7 個の LED の点灯組み合わせで数字などを表示することができる．DP (decimal point) は，小数点を表す LED である．この図は，**アノードコモン**とよばれる形式であり，a〜g，DP の LED のカソードに "0" を加えると対応する LED が点灯する．

この 7 セグメント LED を用いて，入力した 4 ビットの 2 進数 "0000"〜"1001" に対応する 1 桁の 10 進数 "0"〜"9" の表示を行う回路を設計する．表 5.5 は，動作を示

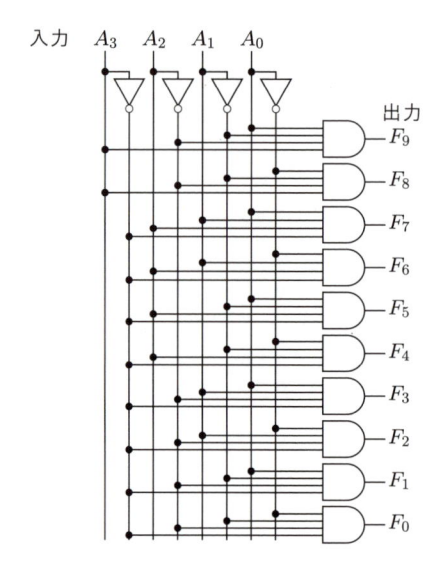

図 5.21　2 進 – 10 進変換デコーダ回路

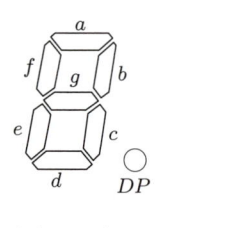

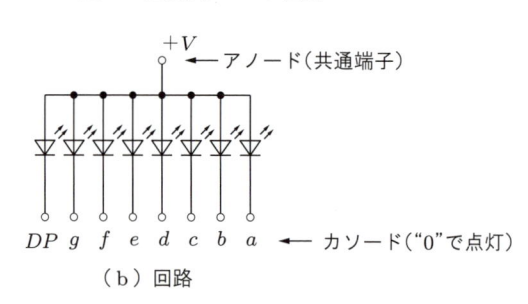

図 5.22　7 セグメント LED
（a）発光部
（b）回路

表 5.5　7 セグメント LED 制御の真理値表

A_3	A_2	A_1	A_0	g	f	e	d	c	b	a	表示
0	0	0	0	1	0	0	0	0	0	0	0
0	0	0	1	1	1	1	1	0	0	①	1
0	0	1	0	0	1	0	0	1	0	0	2
0	0	1	1	0	1	1	0	0	0	0	3
0	1	0	0	0	0	1	1	0	0	①	4
0	1	0	1	0	0	1	0	0	1	0	5
0	1	1	0	0	0	0	0	0	1	0	6
0	1	1	1	1	0	1	1	0	0	0	7
1	0	0	0	0	0	0	0	0	0	0	8
1	0	0	1	0	0	1	0	0	0	0	9

した真理値表である．

この真理値表では，出力端子 $a \sim g$ の一つだけが "1" を出力する状態となっていない．したがって，前に学んだデコーダの定義を満たしていない．しかし，このように

判別が容易な出力を得るための回路は，広義に考えてデコーダとよばれることが多い．

表 5.5 から，出力 a について加法標準形の論理式を求めると以下のようになる．

$$a = \overline{A_3} \cdot \overline{A_2} \cdot \overline{A_1} \cdot A_0 + \overline{A_3} \cdot A_2 \cdot \overline{A_1} \cdot \overline{A_0}$$

この論理式をカルノー図によって論理圧縮することを試みる．この際，表 5.5 の真理値表において，入力 $A_3 \sim A_0$ が "1010" ~ "1111" の値を使用していないことに着目する．これらの未使用入力に対応する出力は，どのようになっても回路の動作には影響がない．したがって，カルノー図を考える際，図 5.23 に示すように，未使用領域に ϕ（ファイ）の記号を記入する．この ϕ は，**ドント・ケア (don't care)** とよばれる領域を示しており，都合によってその都度 "0" か "1" のどちらに見立ててもよい．図 5.23 では，"1100" の領域にある ϕ だけを "1" に見立ててループを描いている．このように，ドント・ケアを有効に使用すれば，論理圧縮がより効果的に行えることがある．

$$a = A_2 \cdot \overline{A_1} \cdot \overline{A_0} + \overline{A_3} \cdot \overline{A_2} \cdot \overline{A_1} \cdot A_0$$

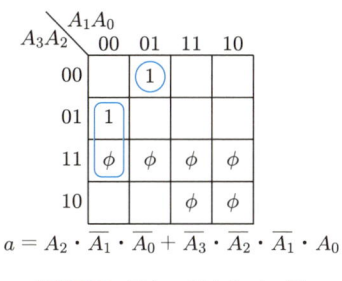

図 5.23 出力 a のカルノー図

同様に考えて，すべての出力の論理式を求めると下記のようになる．

$$a = A_2 \cdot \overline{A_1} \cdot \overline{A_0} + \overline{A_3} \cdot \overline{A_2} \cdot \overline{A_1} \cdot A_0$$
$$b = A_2 \cdot \overline{A_1} \cdot A_0 + A_2 \cdot A_1 \cdot \overline{A_0}$$
$$c = \overline{A_2} \cdot A_1 \cdot \overline{A_0}$$
$$d = \overline{A_3} \cdot \overline{A_2} \cdot \overline{A_1} \cdot A_0 + A_2 \cdot \overline{A_1} \cdot \overline{A_0} + A_2 \cdot A_1 \cdot A_0$$
$$e = A_0 + A_2 \cdot \overline{A_1}$$
$$f = \overline{A_3} \cdot \overline{A_2} \cdot A_0 + \overline{A_2} \cdot A_1$$
$$g = \overline{A_3} \cdot \overline{A_2} \cdot \overline{A_1} + A_2 \cdot A_1 \cdot A_0$$

これらの論理式をみると，式 a の第 1 項と式 d の第 2 項は同じである．また，式 a の第 2 項と式 d の第 1 項，式 d の第 3 項と式 g の第 2 項が同じである．これらを考慮すると，回路をより簡単化することができる．図 5.24 は，設計した 7 セグメント用デコーダの回路図であり，簡単化に関わる接続点 X，Y，Z を図中に示してある．

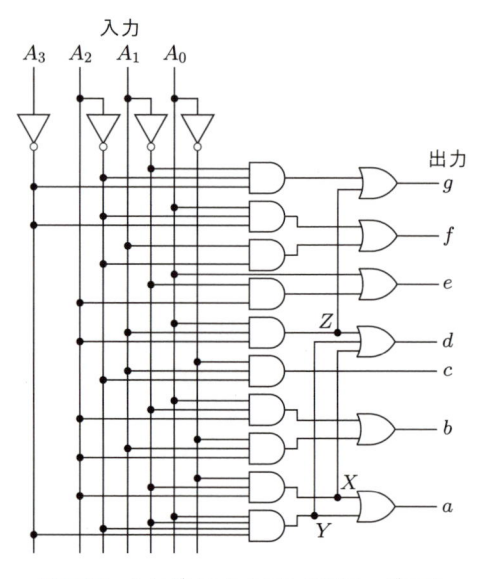

図 5.24　7 セグメント LED 用デコーダ回路

↳ 章末問題 5.5

5.4　データ選択回路

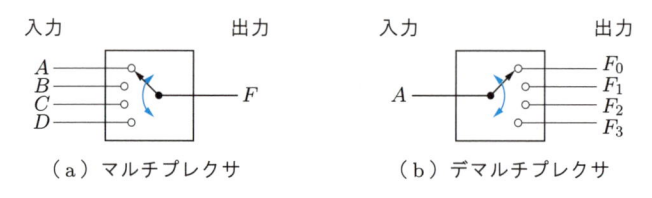

5.4.1　マルチプレクサとデマルチプレクサ

図 5.25(a) に示すように，たとえば入力 A，B，C，D の中のどれか 1 ビットを選択して出力する回路を**マルチプレクサ** (multiplexer) という．また，図 (b) に示すように，入力 A のデータをたとえば $F_0 \sim F_3$ のどれか 1 ビットにだけ出力する回路を**デマルチプレクサ** (demultiplexer) という．マルチプレクサとデマルチプレクサは，互いに反対の働きをする回路であると考えられる．

（a）マルチプレクサ　　　（b）デマルチプレクサ

図 5.25　マルチプレクサとデマルチプレクサの考え方

図 5.26 に示すように，マルチプレクサとデマルチプレクサを組み合わせて，入力データと出力先を順次切り替えれば，複数ビットのデータをシリアルに伝送することができる．

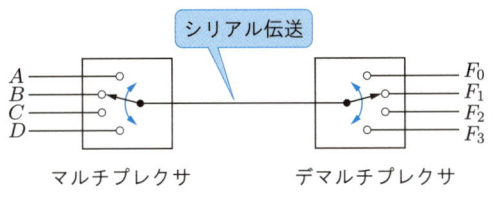

図 5.26 データのシリアル伝送

5.4.2 マルチプレクサの設計

例として，図 5.27 に示すような，4×1（4 入力，1 出力）のマルチプレクサを考える．入力 S_0, S_1 は，どの入力データを選択するかを指定する選択信号である．この例では，4 個（2^2 個）の入力から選択するために，2 ビットの選択信号が必要となる．

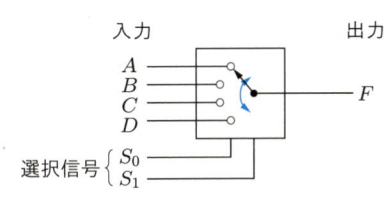

図 5.27 4×1 マルチプレクサの構成

表 5.6 4×1 マルチプレクサの動作表

S_1	S_0	F
0	0	A
0	1	B
1	0	C
1	1	D

表 5.6 に，この 4×1 マルチプレクサの**動作表**を示す．表 5.6 には，論理変数 A, B, C, D が含まれているため，本書では真理値表と区別して動作表とよぶことにする．また，選択信号 S_0, S_1 に対応する出力 F の割り当ては，一つの例である．動作表には，変数 A, B, C, D が含まれているが，真理値表から加法標準形の論理式を求めるのと同じ考え方で，次式が得られる．

$$F = \overline{S_1} \cdot \overline{S_0} \cdot A + \overline{S_1} \cdot S_0 \cdot B + S_1 \cdot \overline{S_0} \cdot C + S_1 \cdot S_0 \cdot D$$

この論理式から回路を描くと，図 5.28 のようになる．

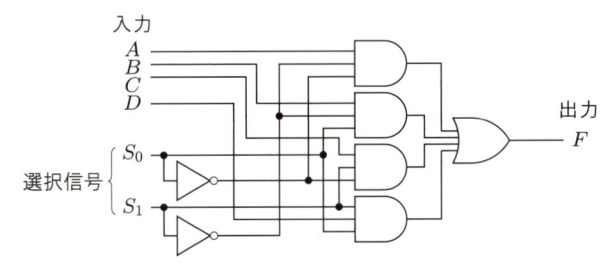

図 5.28 4×1 マルチプレクサ回路

↳ 章末問題 5.6

5.4 データ選択回路

5.4.3 デマルチプレクサの設計

例として，図 5.29 に示すような，1×4（1 入力，4 出力）のデマルチプレクサを考える．入力 S_0，S_1 は，どの出力端子にデータを出力するかを指定する選択信号である．この例では，4 個（2^2 個）の出力から選択するために，2 ビットの選択信号が必要となる．

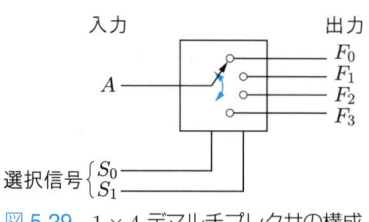

図 5.29　1×4 デマルチプレクサの構成

表 5.7　1×4 デマルチプレクサの動作表

S_1	S_0	F_3	F_2	F_1	F_0
0	0	0	0	0	A
0	1	0	0	A	0
1	0	0	A	0	0
1	1	A	0	0	0

表 5.7 に，この 4×1 デマルチプレクサの動作表を示す．選択信号 S_0，S_1 に対応する入力 A の割り当ては，一つの例である．動作表から次式が得られる．

$$F_0 = \overline{S_1} \cdot \overline{S_0} \cdot A, \quad F_1 = \overline{S_1} \cdot S_0 \cdot A,$$
$$F_2 = S_1 \cdot \overline{S_0} \cdot A, \quad F_3 = S_1 \cdot S_0 \cdot A$$

この論理式から回路を描くと，図 5.30 のようになる．

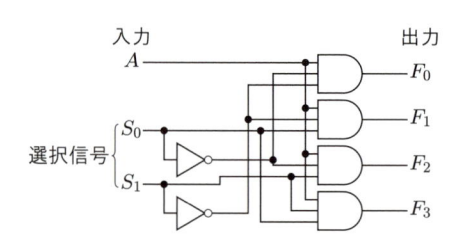

図 5.30　1×4 デマルチプレクサ回路

↳ 章末問題 5.7

■ 章末問題 5

5.1　半減算器 HS の真理値表を書き，論理式を求めなさい．ただし，入力を A，B（減算データ），出力を D (difference：差)，B_o (borrow：上位ビットに渡す貸しデータ) とする．

5.2　全減算器 FS の真理値表を書き，論理式を求めなさい．ただし，入力を A，B（減算データ），B_i（下位ビットから受け取る桁借りデータ），出力を D（差），B_o（上位ビットに渡す貸しデータ）とする．

5.3　リプルキャリー型並列加算回路の短所を説明しなさい．

5.4 図 5.31 に示す全加算器 4 個を使用した回路によって $A - B$ の減算 0110B − 0011B を行うとき，各部に対応するデータ（"0" か "1"）を記入しなさい．また，減算の答（差）を書きなさい．ただし，扱う 2 進数は，2 の補数を用いて負の数を表現した 4 ビットのデータであるとする．

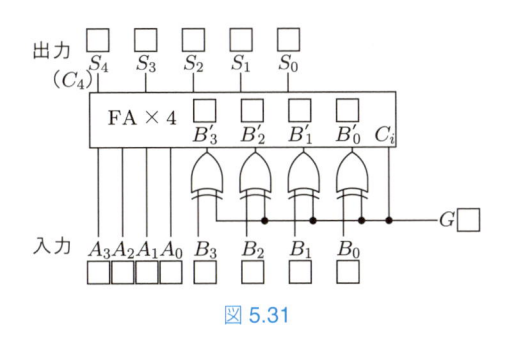

図 5.31

5.5 図 5.32 は，入力 "1" で点灯する 7 個の LED をサイコロの目に見立てた表示器である．入力する 2 進数 "000"〜"101" を，この表示器の "1"〜"6" の点灯パターンに対応させるデコーダの真理値表，論理圧縮した論理式，回路図を示しなさい（p.101 のコラム 2 参照）．ただし，LED はデータ "0" で消灯，"1" で点灯すると考えること．

（a）表示部　　（b）点灯パターン

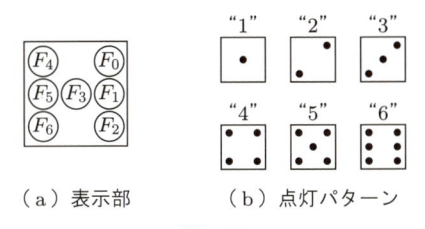

図 5.32

5.6 4×1 のマルチプレクサを 2 個使用して，8×1 のマルチプレクサを構成しなさい．

5.7 表 5.8 に示すデコーダ回路を用いて，表 5.9 に示すデマルチプレクサの回路を構成しなさい．

表 5.8　デコーダの真理値表

S_1	S_0	F'_3	F'_2	F'_1	F'_0
0	0	0	0	0	1
0	1	0	0	1	0
1	0	0	1	0	0
1	1	1	0	0	0

表 5.9　デマルチプレクサの動作表

S_1	S_0	F_3	F_2	F_1	F_0
0	0	0	0	0	A
0	1	0	0	A	0
1	0	0	A	0	0
1	1	A	0	0	0

6章 フリップフロップ

フリップフロップ (FF：flip-flop) は，二つの安定状態をもつ論理回路であり，順序回路を構成する場合に必要となる機能である．フリップフロップ自体も順序回路と考えることができるが，通常はフリップフロップを用いて構成した，より規模の大きい回路を順序回路という．この章では，フリップフロップの基本について理解しよう．

6.1 フリップフロップの構成

6.1.1 データの記憶

これまで学んだ組み合わせ回路は，入力データによって，出力データを決めることができたが，回路の内部にデータを**記憶**することはできない．しかし，回路を工夫することで，データの記憶が可能となる．図 6.1 の回路と，その**タイムチャート**（図 6.2）について考えよう．図 6.1 の回路は，出力 F が，入力 B に**フィードバック接続**されていることが特徴である．ただし，入力 B は，外部からのデータを受けつけない内部端子とする．

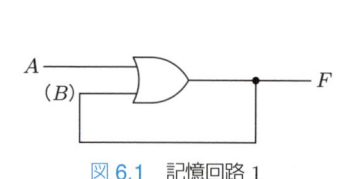

図 6.1　記憶回路 1　　　図 6.2　記憶回路 1 のタイムチャート例

図 6.2 の時刻 t_0 では，$A=\text{``0''}$，$F=\text{``0''}$ で安定している（安定状態 1）．そして，時刻 t_1 で $A=\text{``1''}$ になるのと同時に $F=\text{``1''}$，$B=\text{``1''}$ となる．その後，時刻 $t_2$ で $A$ は "0" に戻るが $F$ は "1" を保持したまま安定している（安定状態 2）．つまり，時刻 $t_1$ 以降に，この回路がデータ "1" を記憶したと考えることができる．また，時刻 $t_x$ と $t_y$ の状態を比べると，どちらも $A=\text{``0''}$ であるが，出力 F の値は異なっている．このことからも，この回路が組み合わせ回路とは異なり，$F=\text{``0''}$ と $F=\text{``1''}$ の二つの安定状態をもつ**フリップフロップ**として動作していることがわかる．このように，データを保持する機能を**ラッチ** (latch) という．

6.1.2 データのセットとリセット

図 6.1 の記憶回路は，一度データを**セット** (set) した $F=$ "1" の安定状態になると，その後は**リセット** (reset) した $F=$ "0" の安定状態に戻ることができない．そこで，図 6.3 の回路と，そのタイムチャート（図 6.4）について考えよう．

図 6.3 記憶回路 2

図 6.4 記憶回路 2 のタイムチャート例

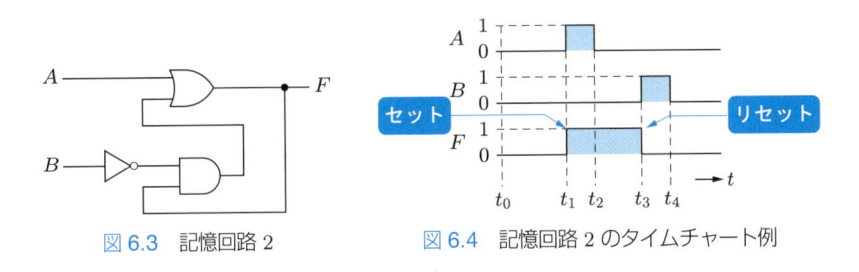

図 6.4 の時刻 t_0 では，$A=$ "0"，$F=$ "0" で安定している（安定状態 1）．そして，時刻 t_1 で $A=$ "1" になるのと同時に F はセットされ "1" となる．その後，時刻 t_2 で A は "0" に戻るが F は "1" を保持したまま安定している（安定状態 2）．ここまでは，図 6.1 に示した記憶回路 1 と同じ動作である．しかし，時刻 t_3 で B を "1" にすると，F はリセットされ "0" に戻る．その後，時刻 t_4 で B を "0" にしても F の状態は変わらない．つまり，この回路は，入力 A がセット端子，入力 B がリセット端子として動作する実用的なフリップフロップであると考えられる．

6.2 RS フリップフロップ

6.2.1 RS フリップフロップの構成

図 6.3 に示した記憶回路 2 をド・モルガンの定理によって変形すると，図 6.5 のようになる．ただし，図 6.5 では，図 6.3 の端子記号 A を S（セット），B を R（リセット），F を Q に変更し，さらに出力 $\overline{Q}$ を取り出している．図 6.5 の回路は，**RS フリップフロップ**または，**SR フリップフロップ**とよばれる．

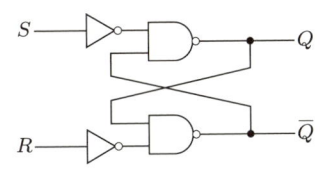

図 6.5 RS フリップフロップ回路

↳ 章末問題 **6.1**

6.2.2 RSフリップフロップの動作

図6.6にRSフリップフロップの図記号，表6.1にその動作を表す**特性表**を示す．RSフリップフロップは，入力を$S=$ "1"，$R=$ "1" にすると動作が不安定になるため，この入力を禁止している．これについては，p.72で説明する．

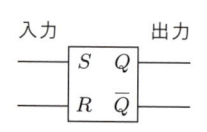

図6.6 RSフリップフロップの図記号

表6.1 RSフリップフロップの特性表

S	R	Q^{t+1}	$\overline{Q^{t+1}}$	動作
0	0	Q^t	$\overline{Q^t}$	保持
0	1	0	1	リセット
1	0	1	0	セット
1	1	/	/	禁止

フリップフロップは，同じ入力であっても，動作前の出力によって動作後の出力が異なる．したがって，いつの時点での出力かを考慮することが必要となる．このため，図6.7に示すように，現在の出力をQ^t，その次の出力をQ^{t+1}などのように表すことにする．このような表示によって，時間の推移を示しているため，表6.1を特性表とよぶこととし，動作表（p.65参照）とは区別した．

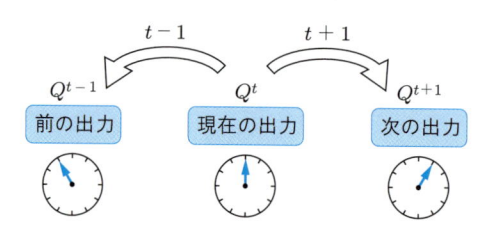

図6.7 出力の時間推移

表6.1から，RSフリップフロップの動作を表す**特性方程式**を導出すると，式(6.1)のようになる．入力の禁止条件（SとRを同時に "1" としない）を示すため，$S \cdot R =$ "0" を併記する必要があることに注意しよう．

$$\begin{aligned}
Q^{t+1} &= \overline{S} \cdot \overline{R} \cdot Q^t + S \cdot \overline{R} + S \cdot R \\
&= \overline{S} \cdot \overline{R} \cdot Q^t + S \cdot (\overline{R} + R) \\
&= \overline{S} \cdot (\overline{R} \cdot Q^t) + S \quad \text{補元の法則} \\
&= S + \overline{R} \cdot Q^t \quad \text{吸収の法則}
\end{aligned}$$

ただし，$S \cdot R =$ "0" (6.1)

6.2.3 RSフリップフロップの原理

以下に，RSフリップフロップの原理を説明する．

(1) $S=$ "0", $R=$ "0" の場合

図 6.8 において，入力側から回路の動作を考えると，端子 A, B の値が決まらないため行き詰まってしまう．そこで，出力 $Q=$ "0", $\overline{Q}=$ "1" であると仮定する．すると，端子 A, B の値が定まり，IC_1 の出力は "0" となり，仮定した Q の値と一致する．つまり，仮定したもとの Q の値を保持していると考えられる．また，出力 $\overline{Q}$ は "1" となり，これも仮定と一致する．回路はこの状態で安定する．

同様に，出力 $Q=$ "1", $\overline{Q}=$ "0" であると仮定する．すると，IC_1 の出力は "1" となり，仮定した Q の値と一致する．また，出力 $\overline{Q}$ は "0" となり，これも仮定と一致する．このように，$S=$ "0", $R=$ "0" の場合，回路の出力 Q^{t+1} は，前の出力 Q^t の値を**保持**する．

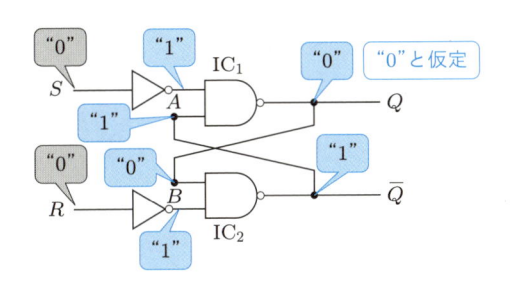

図 6.8　$S=$ "0", $R=$ "0" の場合

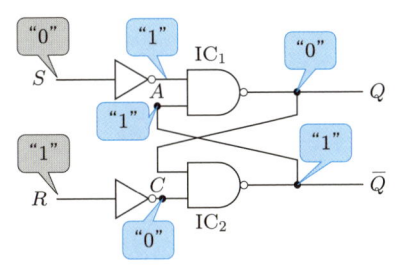

図 6.9　$S=$ "0", $R=$ "1" の場合

(2) $S=$ "0", $R=$ "1" の場合

図 6.9 において，IC_2 の入力端子 C は "0" になる．NAND ゲートは，少なくとも1本の入力端子に "0" が入力されると，出力は "1" となる．つまり，$\overline{Q}=$ "1" となり，これにより，端子 A の値が定まり，$Q=$ "0" となる．この状態で回路は安定する．このように，$S=$ "0", $R=$ "1" の場合，出力 Q^{t+1} は，"0" に**リセット**される．

(3) $S=$ "1", $R=$ "0" の場合

図 6.10 において，IC_1 の入力端子 D は "0" になるため，$Q=$ "1" となる．これにより，端子 B の値が定まり，$\overline{Q}=$ "0" となる．この状態で回路は安定する．このよう

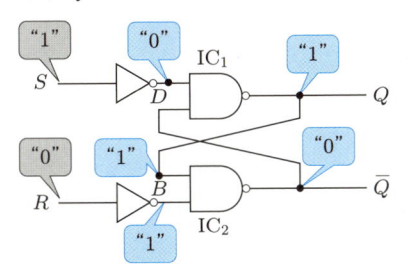

図 6.10　$S=$ "1", $R=$ "0" の場合

6.2　RS フリップフロップ

に，$S = $"1"，$R = $"0" の場合，出力 Q^{t+1} は，"1" に**セット**される．

(4) $S = $"1"，$R = $"1" の場合

図 6.11 において，IC_1 の入力端子 D と IC_2 の入力端子 C は "0" になる．このため，Q と $\overline{Q}$ の論理関係に矛盾があるものの，$Q = $"1"，$\overline{Q} = $"1" で安定する．

この安定状態において，$S = $"0"，$R = $"0" を入力した場合を考えよう．仮に IC_1 が IC_2 より速く動作した場合は，図 6.12 に示すように，$Q = $"0"，$\overline{Q} = $"1" で安定する．

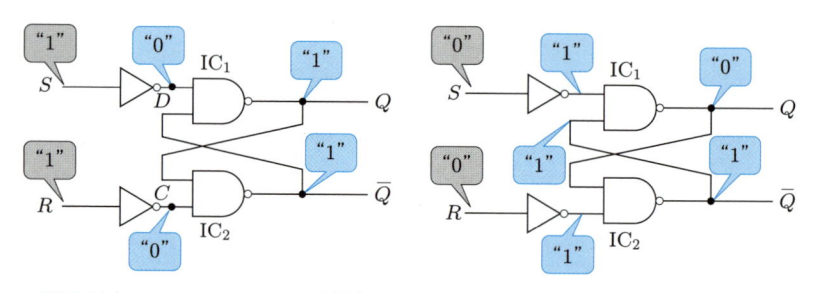

図 6.11　$S = $"1"，$R = $"1" の場合　　図 6.12　IC_1 が先に動作した場合

しかし，IC_2 が IC_1 より速く動作した場合は，図 6.12 とは異なり，$Q = $"1"，$\overline{Q} = $"0" で安定する．IC は規格が同じであっても，製品誤差があり，わずかな特性や周囲温度などの違いによって，動作速度に差が生じる．したがって，どちらの IC が先に動作するかは不定である．このため，RS フリップフロップに $S = $"1"，$R = $"1" を入力することを**禁止**している．図 6.13 に，RS フリップフロップの動作を表すタイムチャート例を示す．

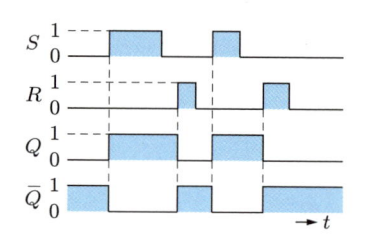

図 6.13　RS フリップフロップのタイムチャート例

↳ 章末問題 6.2

6.3　JK フリップフロップ

6.3.1　JK フリップフロップの動作

JK フリップフロップの図記号を図 6.14，特性表を表 6.2 に示す．RS フリップフロップには，入力端子 S と R を同時に "1" にできないという欠点があった．**JK フ**

表 6.2　JK フリップフロップの特性表

J	K	Q^{t+1}	$\overline{Q^{t+1}}$	動作
0	0	Q^t	$\overline{Q^t}$	保持
0	1	0	1	リセット
1	0	1	0	セット
1	1	$\overline{Q^t}$	Q^t	反転

図 6.14　JK フリップフロップの図記号

リップフロップはこの欠点を解決し，入力端子 J と K を同時に "1" にした際に出力が反転する．その他の動作は，RS フリップフロップの入力端子の S を J，R を K に対応させた場合と同じである．

表 6.2 から，JK フリップフロップの動作を表す特性方程式を導出すると，式 (6.2) のようになる．

$$\begin{aligned}
Q^{t+1} &= \overline{J}\cdot\overline{K}\cdot Q^t + J\cdot\overline{K} + J\cdot K\cdot\overline{Q^t} \\
&= \overline{J}\cdot\overline{K}\cdot Q^t + J\cdot\overline{K}\cdot(Q^t + \overline{Q^t}) + J\cdot K\cdot\overline{Q^t} \quad \text{補元の法則} \\
&= \overline{K}\cdot Q^t\cdot(\overline{J}+J) + J\cdot\overline{Q^t}\cdot(\overline{K}+K) \\
&= J\cdot\overline{Q^t} + \overline{K}\cdot Q^t
\end{aligned} \tag{6.2}$$

JK フリップフロップは，図 6.15 に示すように，RS フリップフロップを用いて構成することができる．

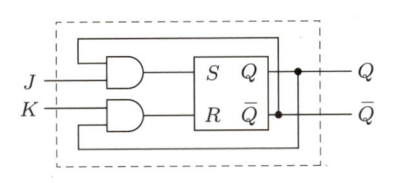

図 6.15　JK フリップフロップの構成

▶ J，K の意味についての確かな根拠はみつからないが，出力 Q を女王 (Queen)，入力 J と K をそれぞれ男 (Jack) と王 (King) に対応させて，男と王が争って，女王の気持ち ("0"，"1") を奪い合うことに見立てたという説がある．

6.3.2　クロックパルス端子付き JK フリップフロップ

図 6.16 は，図 6.15 に示した JK フリップフロップに使用していた AND ゲートを 2 入力から 3 入力に変更し，入力に**クロックパルス**端子 C_P を追加した回路とその図記号である．この回路は，端子 C_P に "1" を入力したときだけ入力端子 J，K の入力を受けつける．つまり，フリップフロップの動作が C_P に同期して行われる．

しかし，この回路は $C_P =$ "1" の時間が長い場合，出力 Q と $\overline{Q}$ が再び AND ゲート

(a) 回路 (b) 図記号

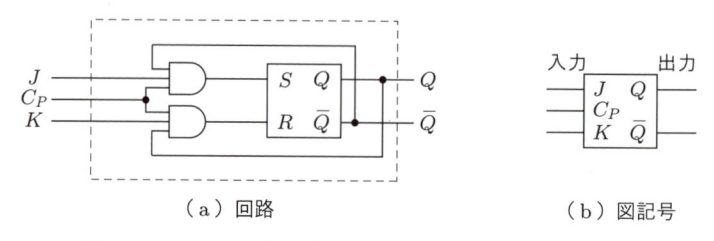

図 6.16 クロックパルス端子 C_P 付き JK フリップフロップ

の入力に取り込まれ，フリップフロップが動作することを繰り返してしまう．このような動作を**レーシング** (racing) または，**発振**という．

6.3.3 マスタスレーブ型 JK フリップフロップ

図 6.17 は，レーシングを防ぐために考案された**マスタスレーブ** (master-slave) 型 JK フリップフロップである．この回路は，2 個の RS フリップフロップを用いており，前段をマスタ FF（フリップフロップ），後段をスレーブ FF という．クロックパルス端子 C_P に，クロックパルスとして図に示したような方形波が入力された場合の動作を考えよう．

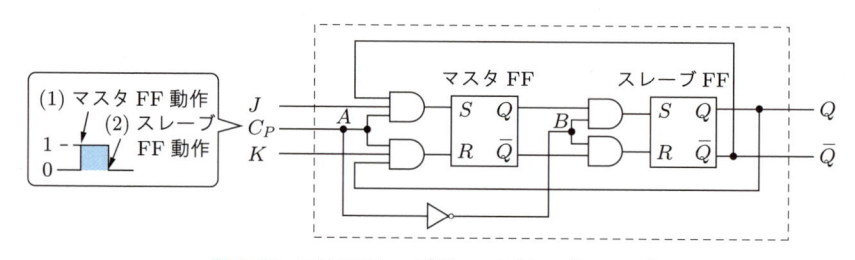

図 6.17 マスタスレーブ型 JK フリップフロップ

(1) C_P が "0" から "1" に立ち上がった直後

端子 A が "1" となりマスタ FF は入力 J, K を取り込む動作をする．しかし，端子 B は "0" となるためスレーブ FF は入力を受けつけず保持の状態となる．このため，出力 Q と $\overline{Q}$ は変化しない．

(2) C_P が "1" から "0" に立ち下がった直後

端子 A が "0" となりマスタ FF は入力 J, K のデータを受けつけず保持の状態となる．しかし，端子 B は 1 となるためスレーブ FF はマスタ FF が出力しているデータを取り込む動作をする．スレーブ FF の動作により変化した出力 Q と $\overline{Q}$ が入力側に戻されても，保持状態であるマスタ FF に取り込まれることはない．

このように，マスタスレーブ型 JK フリップフロップは，マスタ FF が入力 J と K

の取り込み動作をし，スレーブ FF が出力 Q と $\overline{Q}$ を更新するように動作する．そして，これらの動作は，異なるタイミングで行われるため，レーシングが生じない．

図 6.18 に，この JK フリップフロップのタイムチャート例を示す．このマスタスレーブ型 JK フリップフロップが出力を決めるのは，C_P の立ち下がり時であることを確認しよう．

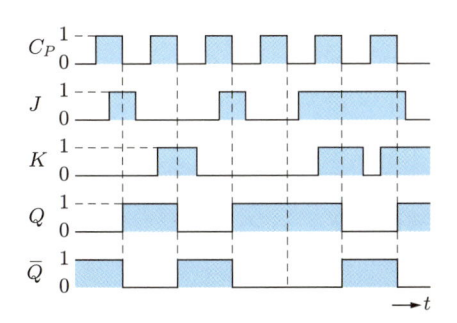

図 6.18　マスタスレーブ型 JK フリップフロップのタイムチャート例

クロックパルス C_P の立ち下がりで動作するフリップフロップを**ダウンエッジ** (down edge) **型**または，**ネガティブエッジ** (negative edge) **型**といい，図 6.19(a) に示す図記号で表す．図 (b) は，C_P の立ち上がりで動作する**アップエッジ** (up edge) **型**または，**ポジティブエッジ** (positive edge) **型**とよばれるフリップフロップの図記号である．これらを総称して，**エッジトリガ** (edge trigger) **型フリップフロップ**という．

（a）ダウンエッジ型　　（b）アップエッジ型

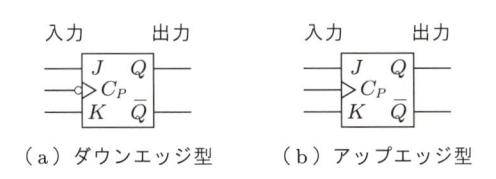

図 6.19　フリップフロップの図記号

図 6.17 で学んだマスタスレーブ型 JK フリップフロップは，C_P の立ち上がり時と立ち下がり時の両方で内部のフリップフロップを動作させている．したがって，厳密にはエッジトリガ型とはいえない．しかし，C_P の立ち下がり時に出力を決めることから，広義に捉えてダウンエッジ型の図記号が使われるのが一般的である．エッジトリガ型の原理については，次節において D フリップフロップを例にして解説する．

↳ 章末問題 6.3

6.4 Dフリップフロップ

6.4.1 Dフリップフロップの動作

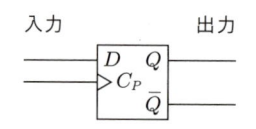

アップエッジ型Dフリップフロップの図記号を図6.20，特性表を表6.3に示す．Dフリップフロップは，入力 D に加えたデータを取り込んで，その値を内部状態とし，かつ出力する．入力データを取り込むタイミングは，クロックパルス C_P に同期しており，D を入力した時間よりも遅れることから，D（delay：遅れる）フリップフロップとよばれる．

図6.20 Dフリップフロップの図記号

表6.3 Dフリップフロップの特性表

D	Q^{t+1}	$\overline{Q^{t+1}}$	動作
0	0	1	リセット
1	1	0	セット

表6.3から，Dフリップフロップの動作を表す特性方程式を導出すると，式 (6.3) のようになる．

$$Q^{t+1} = D \tag{6.3}$$

図6.21に，Dフリップフロップのタイムチャート例を示す．これは，アップエッジ型の例であるため，入力データを取り込むのがクロックパルス C_P の立ち上がり時であることを確認しよう．

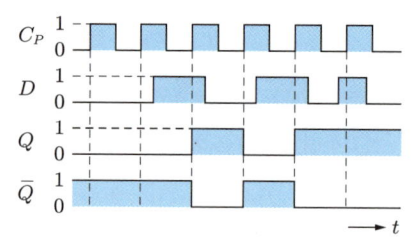

図6.21 Dフリップフロップのタイムチャート例

6.4.2 Dフリップフロップの原理

図6.22は，アップエッジ型Dフリップフロップの回路例である．この回路は，入力側のNOTゲートを省略したRSフリップフロップ3個 (FF_1〜FF_3) を組み合わせて構成されている．クロックパルス端子 C_P に，図に示したような方形波が入力された場合の動作を考えよう．

(1) $C_P =$ "0" の場合（図6.22）

$\overline{S} = \overline{R} =$ "1" となり，FF_3 は保持動作をするため Q は変化しない．また，このとき，$B =$ "1" なので，$A = \overline{D}$ となる．

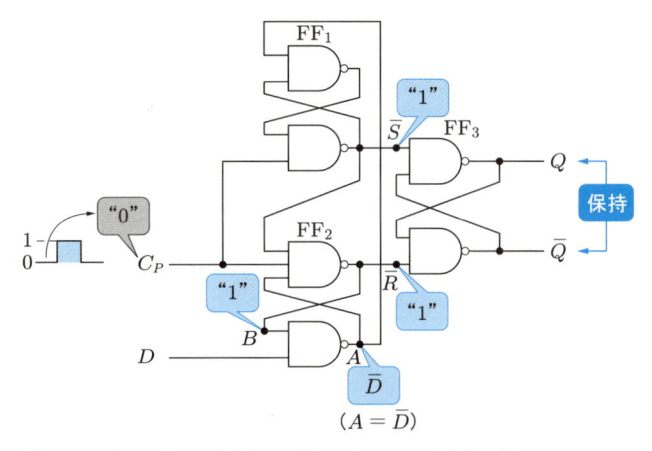

図 6.22　アップエッジ型 D フリップフロップの回路例 ($C_P =$ "0")

(2) $D =$ "0", $C_P =$ "1" の場合 (図 6.23)

　上記 (1) の保持状態で $D =$ "0" とすると，$A =$ "1" となる．この後，$C_P =$ "1" にすれば $A =$ "1"，$C =$ "1" なので FF_1 は保持動作をするため $\overline{S} =$ "1" となる．また，FF_2 はリセット動作をするため $\overline{R} =$ "0" となる．これにより，FF_3 はリセット動作をするため，$Q =$ "0" となる．つまり，$Q = D$ となる動作をしたことになる．

　この状態で，$D =$ "1" に変化したとしても，$B =$ "0" なので $A =$ "1" のままであり Q の値は変化しない．また，$C_P =$ "0" となっても FF_3 は保持動作をする．

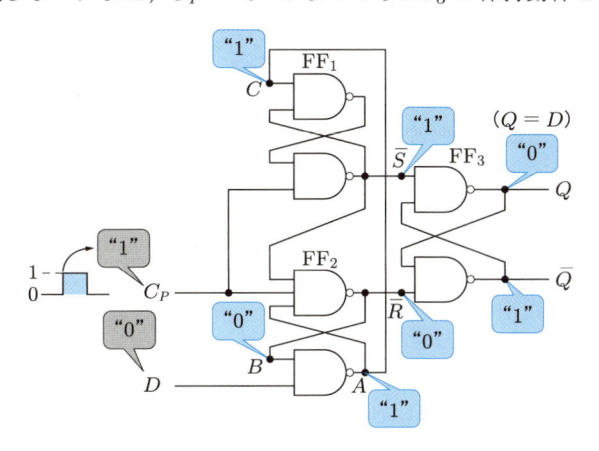

図 6.23　$D =$ "0", $C_P =$ "1" の場合

(3) $D =$ "1", $C_P =$ "1" の場合 (図 6.24)

　上記 (1) の保持状態で $D =$ "1" とすると，$A =$ "0" となる．この後，$C_P =$ "1" にすれば $A =$ "0"，$C =$ "0" なので FF_1 はセット動作をするため $\overline{S} =$ "0" となる．また，

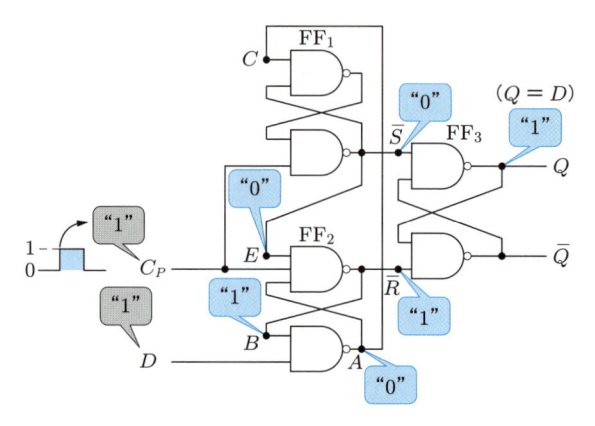

図 6.24　$D =$ "1", $C_P =$ "1" の場合

$E =$ "0" なので FF_2 はセット動作をするため $\overline{R} =$ "1" となる．これにより，FF_3 はセット動作をするため，$Q =$ "1" となる．つまり，$Q = D$ となる動作をしたことになる．

この状態で，$D =$ "0" に変化したとしても，$A =$ "1"，$C =$ "1" なので FF_1 は保持動作をするため $\overline{S} =$ "0" となり，$\overline{R} =$ "1" のままなので Q の値は変化しない．また，$Q = D$ となった後に，C_P が "0" に立ち下がっても，FF_3 が保持動作をするため Q の値は保持される．

以上から，この回路は，クロックパルス C_P の立ち上がりで動作するアップエッジ型の D フリップフロップであることがわかる．これまで学んだ RS，JK フリップフロップ，後で学ぶ T フリップフロップは，入力とその時点の内部状態（出力）を合わせて次の出力を決める回路である．一方，D フリップフロップは，入力を取り込んでそのまま出力する回路であり，現在の内部状態（出力）が次の出力に影響しない．

6.5　T フリップフロップ

6.5.1　T フリップフロップの動作

ダウンエッジ型 T フリップフロップの図記号を図 6.25，特性表を表 6.4 に示す．T フリップフロップは，端子 T が "0" のとき出力 Q を保持するが，T が "1" のときクロックパルス C_P に同期して出力 Q を反転する．このため，T（切換：toggle）フリッ

図 6.25　T フリップフロップの図記号

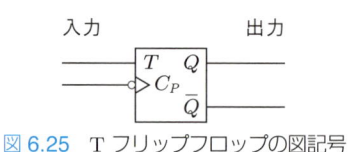

表 6.4　T フリップフロップの特性表

T	Q^{t+1}	$\overline{Q^{t+1}}$	動作
0	Q^t	$\overline{Q^t}$	保持
1	$\overline{Q^t}$	Q^t	反転

プフロップとよばれる．

表 6.4 から，T フリップフロップの動作を表す特性方程式を導出すると，式 (6.4) のようになる．

$$Q^{t+1} = \overline{T} \cdot Q^t + T \cdot \overline{Q^t} \tag{6.4}$$

図 6.26 に，T フリップフロップのタイムチャート例を示す．

T フリップフロップは，図 6.27 に示すように，JK フリップフロップの入力 J, K の両方が "0" のときに出力 Q を保持，"1" のときに反転動作することを利用して構成することができる．

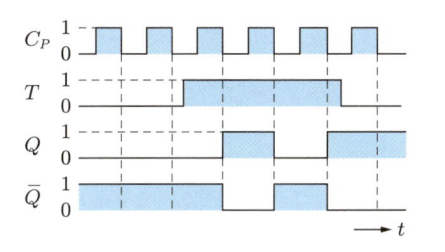

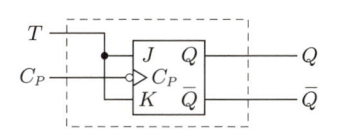

図 6.26　T フリップフロップのタイムチャート例　　図 6.27　T フリップフロップの構成

6.5.2　セット・リセット端子付きフリップフロップ

フリップフロップには，専用のセット端子，リセット端子をもったタイプがある．図 6.28 にその例を示す．セットを**プリセット** (PR: preset)，リセットを**クリア** (CLR: clear) と表現する場合もある．

（a）T フリップフロップ　　（b）D フリップフロップ

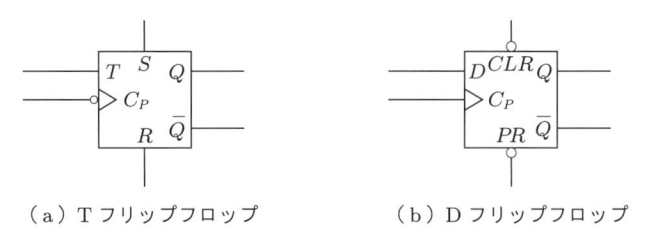

図 6.28　セット・リセット端子付きの例

図 (a) は，正論理のセット端子または，リセット端子に "1" を入力すると，出力 Q が強制的にセットまたはリセットされる．二つの端子を同時に "1" にしてはいけない．また，図 (b) は，負論理のプリセット端子とクリア端子をもつため，いずれかの端子に "0" を入力すると出力 Q が強制的にセットまたはリセットされる．二つの端子を同時に "0" にしてはいけない．

これらの**セット動作**や**リセット動作**には，**非同期** (asynchronous) **型**と**同期** (synchronous) **型**がある．非同期型は，有効なデータがセット端子またはリセット端子に入力されると直ちにセットまたはリセット動作を行う．一方の同期型は，有効なデータが入力された後，クロックパルスに同期してセットまたはリセット動作を行う．図 4.9(d) (p.42) に示した 74HC74 は，非同期型のセットまたはリセット動作を行う汎用ディジタル IC である．図 6.29 に示すタイムチャート例で，非同期型と同期型のリセット動作について確認しよう．この図は，図 6.28(a) に示した正論理のリセット端子をもつ T フリップフロップの動作例である．

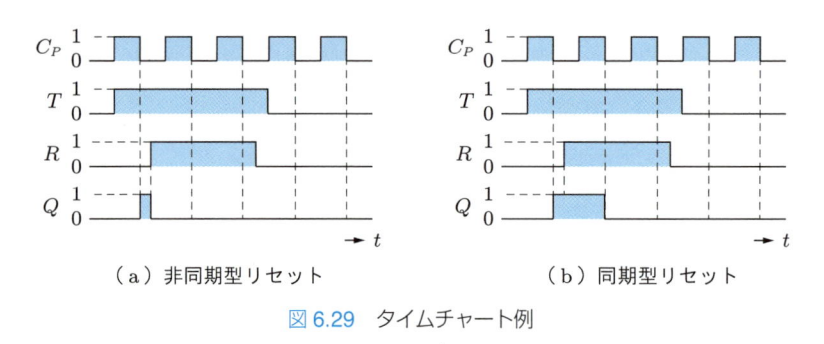

（a）非同期型リセット　　　　　　（b）同期型リセット

図 6.29　タイムチャート例

セットやリセットが非同期型か同期型のどちらで動作するかは，図記号から判断できない．このため，規格表で確認したり，注意書きを参照したりする必要がある．

↳ 章末問題 **6.4**

6.6　フリップフロップの機能変換

あるフリップフロップを用いて，他の種類のフリップフロップを構成することをフリップフロップの**機能変換**とよぶ．

6.6.1　JK フリップフロップの機能変換

図 6.27 (p.79) は，JK フリップフロップを T フリップフロップに機能変換した例である．ここでは，JK フリップフロップを機能変換して，D フリップフロップを構成する例を解説する．表 6.5 に，D フリップフロップと JK フリップフロップフリップフロップの**励起表**を示す．励起表とは，出力 Q^t が Q^{t+1} の値に変化した場合，Q^t 時の入力がどのような値になっていたかを示す表である．

励起表から，図 6.30 に示すカルノー図を作成し，端子 J と K の論理式を求める．これらの論理式から，図 6.31 に示す D フリップフロップの回路が得られる．

表 6.5 D, JK フリップフロップの励起表

Q^t	Q^{t+1}	D	J	K
0	0	0	0	ϕ
0	1	1	1	ϕ
1	0	0	ϕ	1
1	1	1	ϕ	0

(ϕ : don't care)

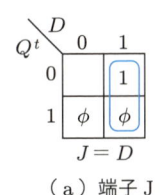

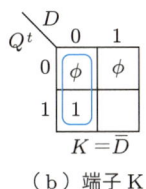

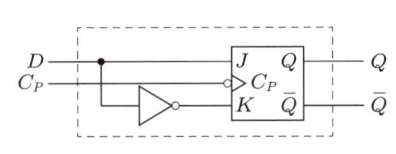

(a) 端子 J　　(b) 端子 K

図 6.30　カルノー図

図 6.31　構成した D フリップフロップの回路

6.6.2　D フリップフロップの機能変換

ここでは，D フリップフロップを機能変換して，JK フリップフロップを構成する例を解説する．表 6.6 に，JK フリップフロップと D フリップフロップの励起表を示す．

表 6.6　JK, D フリップフロップの励起表

Q^t	Q^{t+1}	J	K	D
0	0	0	ϕ	0
0	1	1	ϕ	①
1	0	ϕ	1	0
1	1	ϕ	0	①

(ϕ : don't care)

励起表から，図 6.32 に示すカルノー図を作成する．この際，ϕ については，"0"，"1" の両方を考えてカルノー図の対応する領域に "1" を記入することに注意しよう．カルノー図により求めた端子 D の論理式から，図 6.33 に示す JK フリップフロップの回路が得られる．

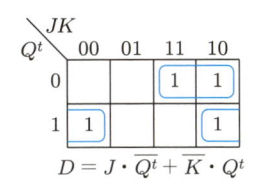

$D = J \cdot \overline{Q^t} + \overline{K} \cdot Q^t$

図 6.32　端子 D のカルノー図

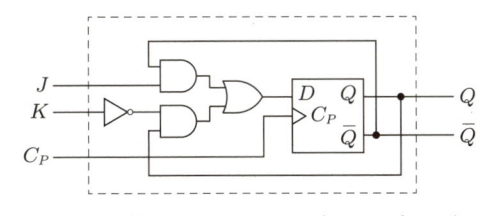

図 6.33　構成した JK フリップフロップの回路

↳ 章末問題 6.5, 6.6

6.6　フリップフロップの機能変換

■ 章末問題 6

6.1 図 6.3 (p.69) に示した記憶回路 2 を，図 6.5 (p.69) の RS フリップフロップ回路に変形しなさい．

6.2 RS フリップフロップでは，$R =$ "1"，$S =$ "1" の入力が禁止されている理由を説明しなさい．

6.3 図 6.34 に示す JK フリップフロップのタイムチャートを完成させなさい．

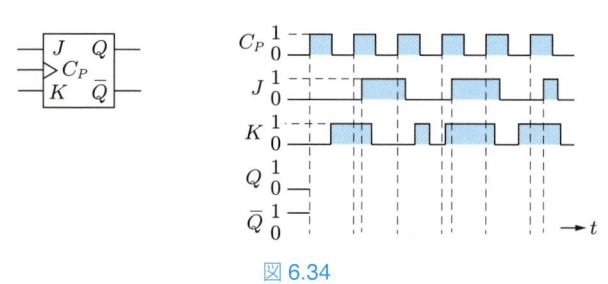

図 6.34

6.4 図 6.35 に示す D フリップフロップについて，リセットが非同期型と同期型である場合のタイムチャートをそれぞれ完成させなさい．

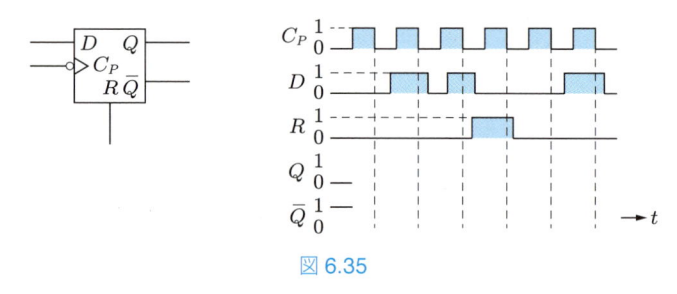

図 6.35

6.5 ポジティブエッジ型のクロックパルス入力端子をもつ RS フリップフロップを機能変換して，D フリップフロップを構成しなさい．

6.6 ネガティブエッジ型のクロックパルス入力端子をもつ D フリップフロップを機能変換して，T フリップフロップを構成しなさい．

■ コラム 1：早押し判定回路

ここでは，フリップフロップの使用例として，**早押し判定回路**を設計してみよう．早押し判定回路とは，複数の回答者がそれぞれに割り当てられたスイッチを押した場合，一番先に押した回答者のスイッチ入力だけを受けつける回路である．図 6.36 に，RS フリップフロップを使用した回答者 2 人用の早押し判定回路を示す．

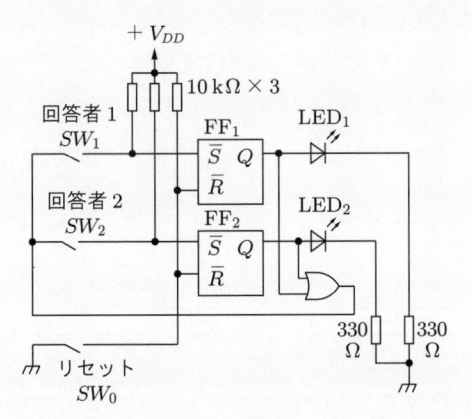

図 6.36　早押し判定回路（2 人用）

　この回路は，先にスイッチを押した回答者に対応するフリップフロップがセットされると，もう一方の回答者のスイッチ入力を無効にするように動作する．RS フリップフロップの入力端子が負論理になっているのは，製作に使用する 74HC279 の仕様に合わせたからである．

　回路を拡張すれば，より多くの回答者用の早押し判定回路を構成することができる．例として，図 6.37 に回答者 4 人用の早押し判定回路を示す．

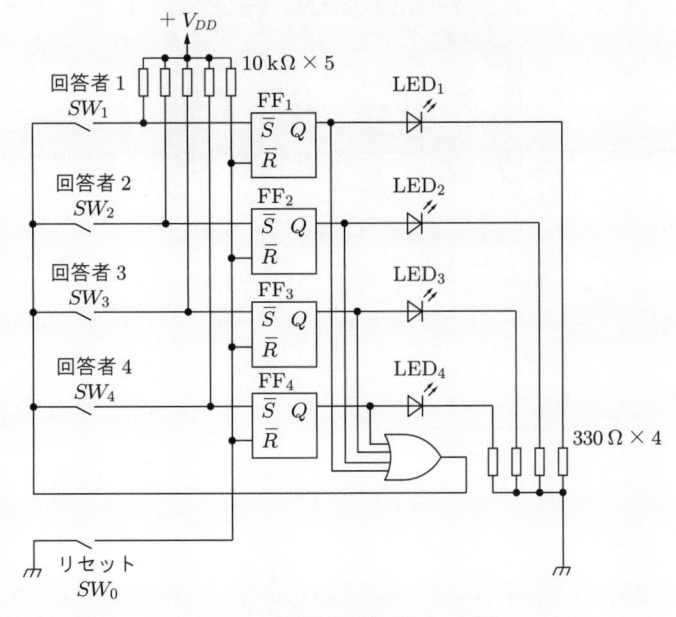

図 6.37　早押し判定回路（4 人用）

コラム 1：早押し判定回路

多人数用になるほど，多入力の OR が必要になる．4 入力 OR としては，**74HC4072**
があるが，2 入力 OR の **74HC32**（p.42 図 4.9(b)）を用いて多入力 OR を構成する
こともできる．図 6.38 に，74HC4072 と **74HC279** のピン配置を示す．

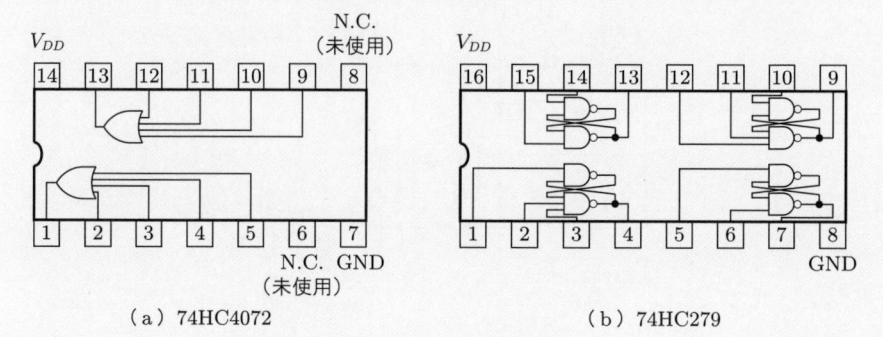

図 6.38　IC のピン配置

74HC279 は，4 個の RS フリップフロップを内蔵する IC であり，そのうちの 2
個には 3 入力 NAND が用いられている．この 3 入力 NAND は，1 本の入力端子を
"1"（$+V_{DD}$）に接続すれば，2 入力 NAND として動作する．また，4 個の RS フリッ
プフロップの入力は，すべて負論理であることに注意しよう．図 6.39 に，回答者 4 人
用の早押し判定回路の製作例を示す．

図 6.39　早押し判定回路（4 人用）の製作例

7章 非同期式カウンタ

カウンタ（counter：計数器）は，入力されたパルスの数を計数する回路である．計数するためには，現在の計数値を保持している必要があるため，フリップフロップを使用して回路を構成する．カウンタには，非同期式と同期式がある．この章では，**非同期式カウンタ**について理解しよう．

7.1 カウンタの種類

7.1.1 n 進カウンタの定義

たとえば，図 7.1 に示す 10 進カウンタとは，表 7.1 のように，入力されたパルス P の数をカウントして出力する機能をもつ．10 進カウンタの場合は，出力が 4 ビット必要になる．入力パルス P が 10 個目のときに，出力 $Q_3Q_2Q_1Q_0$ が "0000" に戻る．つまり，10 進カウンタは，"0000"～"1001" を繰り返して出力する．

表 7.1　10 進カウンタの動作表

P	Q_3	Q_2	Q_1	Q_0
0	0	0	0	0
1	0	0	0	1
2	0	0	1	0
3	0	0	1	1
4	0	1	0	0
5	0	1	0	1
6	0	1	1	0
7	0	1	1	1
8	1	0	0	0
9	1	0	0	1

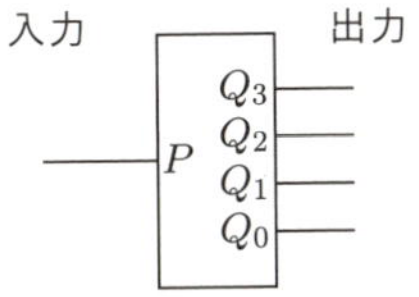

図 7.1　10 進数カウンタのブロック図

一方で，表 7.2 に示す動作をする回路を考える．この回路は，入力パルス P の個数に対応した出力 "0100"～"1000" を繰り返す．この出力パターンは，すべて異なっているが連続した整数値ではない．しかし，この回路も 10 進カウンタと考えることができる．なぜなら，必要に応じて，図 7.2 に示すようにデコーダを用いれば，表 7.1 で考えた 10 進カウンタと同様の出力 "0000"～"1001" を得ることができるからである．

つまり，n 進カウンタとは，入力されたパルスの数をカウントして，n 通りの出力パターンを繰り返して出力する機能である．表 7.2 に示したように，連続した整数値を出力しないカウンタの例としては，第 8 章で学ぶリングカウンタやジョンソンカウンタなどがある．

表7.2 ある回路の動作表

P	Q_3	Q_2	Q_1	Q_0
0	0	1	0	0
1	1	1	0	0
2	1	0	0	1
3	0	0	0	0
4	1	1	1	1
5	0	0	1	1
6	0	1	1	1
7	1	0	1	1
8	1	1	0	1
9	1	0	0	0

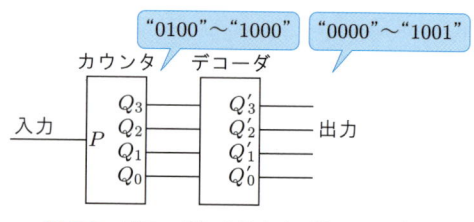

図7.2 デコーダによる出力パターンの変更

7.1.2 アップカウンタとダウンカウンタ

例として，入力したパルスの数をカウントして，2進数 "000" ～ "111" の中から5通りのパターンを出力する5進カウンタを考える．表7.3に示すように，出力の初期値 "000" から，パルスの入力に応じて， "001" → "010" → "011" → "100" のように出力を増加していく機能を**アップカウンタ** (up counter) という．また，出力の初期値 "000" から，パルスの入力に応じて， "111" → "110" → "101" → "100" のように出力を減少していく機能を**ダウンカウンタ** (down counter) という．以降，本書でとくに記さない場合はアップカウンタを考えることにする．

表7.3 5進カウンタの動作表

P	アップカウンタ			ダウンカウンタ		
	Q_3	Q_2	Q_1	Q_3	Q_2	Q_1
0	0	0	0	0	0	0
1	0	0	1	1	1	1
2	0	1	0	1	1	0
3	0	1	1	1	0	1
4	1	0	0	1	0	0

↳ 章末問題 7.1

7.1.3 非同期式カウンタと同期式カウンタ

カウンタ回路は，**非同期式**と**同期式**に大別できる．図7.3は，3個のフリップフロップ (FF) を用いて構成したカウンタ回路の概略図である．それぞれのフリップフロップのクロックパルス入力端子 C_P に注目して考える．図(a)は，FF_0 の出力 Q_0 が後段の FF_1 のクロックパルス入力端子 C_P に接続されている．さらに，FF_1 の出力 Q_1 が後段の FF_2 のクロックパルス入力端子 C_P に接続されている．したがって，この回路では，各フリップフロップが将棋倒し（ドミノ倒し）のように，FF_0 → FF_1 → FF_2

（a）非同期式

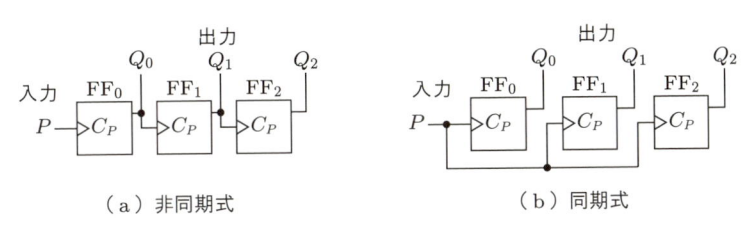

（b）同期式

図 7.3　カウンタ回路の概略図

と順番に動作していく．このように動作する回路を非同期式カウンタという．

図 (b) は，すべてのフリップフロップのクロックパルス入力端子 C_P が共通に接続されている．したがって，この回路では，入力 P に応じて，全フリップフロップが同時に動作する．このように動作する回路を同期式カウンタという．

非同期式カウンタは，回路が簡単になることが多いが，動作が終了するまでの時間が長くなるのが欠点である．これにより，動作中にノイズ（noise：雑音）などの影響を受ける可能性が高くなるため，信頼性が低くなる．一方，同期式カウンタは，基本的に 1 回の動作で処理を終了するため，ノイズなどの影響を受ける可能性が低くなる．このため，一般には同期式カウンタが使用されることが多い．

↳章末問題 7.2

7.2　非同期式カウンタの設計

7.2.1　非同期式 2^k 進カウンタ

2^k 進 $(k = 1, 2, 3, 4, 5, \ldots)$，すなわち，2 進，4 進，8 進，16 進，32 進などの非同期式カウンタは，T フリップフロップを用いて容易に構成することができる．たとえば，3 個の T フリップフロップを図 7.4 に示すように接続すれば，非同期式 8 進アップカウンタとなる．図 7.5 は，このカウンタのタイムチャートである．

また，図 7.4 を変更して図 7.6 のように接続すれば，非同期式 8 進ダウンカウンタとなる．図 7.7 は，このカウンタのタイムチャートである．

クロックパルス入力のアップエッジで動作する T フリップフロップを使用すれば，図 7.4 はダウンカウンタ，図 7.6 はアップカウンタになる．また，フリップフロップ

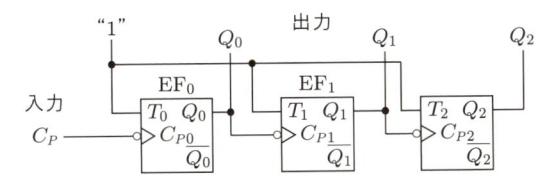

図 7.4　非同期式 8 進アップカウンタ回路

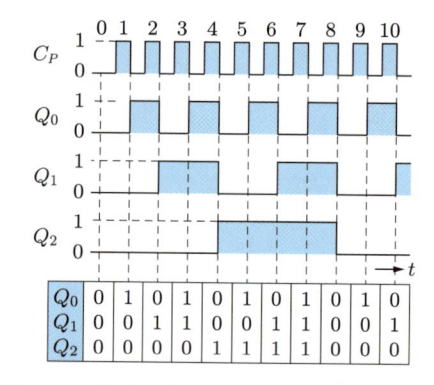

図7.5 8進アップカウンタ回路のタイムチャート

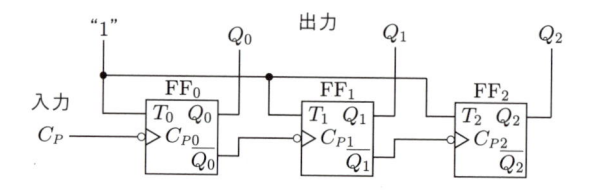

図7.6 非同期式8進ダウンカウンタ回路

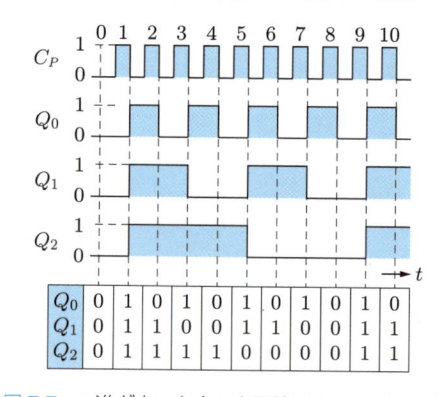

図7.7 8進ダウンカウンタ回路のタイムチャート

の機能変換を行えば，Tフリップフロップ以外のフリップフロップを使用することもできる．

↳章末問題 **7.3**, **7.4**, **7.5**

7.2.2　非同期式 n 進カウンタ

　2^k 進以外の非同期式 n 進カウンタを構成する場合には，非同期型リセット端子をもつフリップフロップを使用する．例として，非同期式5進カウンタの構成法について説明する．n 進カウンタを構成する場合には，n 進以上の 2^k 進カウンタを基本にする．したがって，5進カウンタでは8進カウンタを基本にする．表7.4は8進カウン

表7.4　8進カウンタの動作表

C_P	Q_2	Q_1	Q_0
0	0	0	0
1	0	0	1
2	0	1	0
3	0	1	1
4	1	0	0
5	1	0	1
6	1	1	0
7	1	1	1
8	0	0	0

表7.5　5進カウンタの動作表

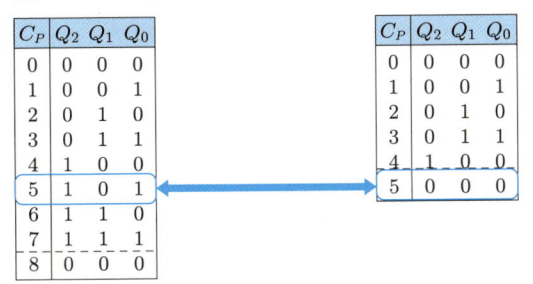

C_P	Q_2	Q_1	Q_0
0	0	0	0
1	0	0	1
2	0	1	0
3	0	1	1
4	1	0	0
5	0	0	0

タ，表7.5は5進カウンタの動作表である．

二つの動作表で，カウントするクロックパルス信号$C_P = 5$のときの動作を比較する．8進カウンタは，"101"が出力されるが，5進カウンタでは"000"にリセットされなければならない．このため，8進カウンタが"101"を出力した際に，非同期型リセット端子を使って，すべてのフリップフロップを強制的にリセットすることを考える．このために，図7.8に示す**リセット信号発生回路**を使用する．

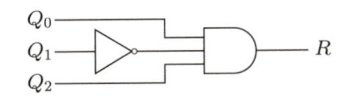

図7.8　リセット信号発生回路

さらに，表7.4を検討すると，8進カウンタが$C_P = 5$の動作で出力する"101"は，$C_P = 0$の出力"000"からカウントを続けて，$Q_2 = Q_0 = $"1"となる初めての出力であることがわかる．したがって，Q_1を無視して，$Q_2 = Q_0 = $"1"だけを考えてリセット信号を発生させても，非同期式5進カウンタ回路を構成することができる．つまり，図7.8のQ_1の配線は省略可能であるため，2入力ANDゲートを使用すればよい．図7.9は，JKフリップフロップを用いて構成した非同期式8進カウンタ回路に，リセット信号発生回路を組み込んで非同期式5進カウンタとした回路である．図7.10に，非同期式5進カウンタ回路のタイムチャートを示す．

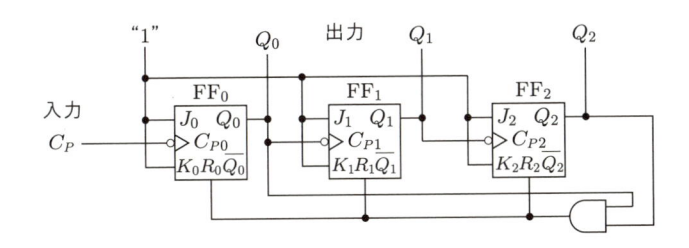

図7.9　非同期式5進カウンタ回路

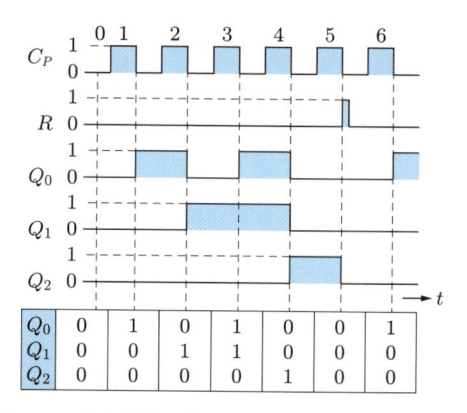

図 7.10 非同期式 5 進カウンタ回路のタイムチャート

Q_0	0	1	0	1	0	0	1
Q_1	0	0	1	1	0	0	0
Q_2	0	0	0	0	1	0	0

↳ 章末問題 7.6

7.2.3 改良型非同期式カウンタ

　図 7.9 に示した非同期式 5 進カウンタ回路の動作を詳しく考えてみよう．リセット信号発生回路（AND ゲート）からリセット信号 "1" が出力される瞬間は，$Q_2Q_1Q_0 =$ "101" となっている．この状態で，リセット信号が AND ゲートに近いフリップフロップ FF_2 と FF_1 に入力されたが，遠くに置かれた FF_0 への入力が遅れた場合を考える．この状態では，リセット動作によって $Q_2 = Q_1 =$ "0" となるが，FF_0 はリセットされていないので $Q_0 =$ "1" のままとなっている．しかし，AND ゲートの入力 Q_2 が "0" にリセットされていれば，AND ゲートの出力は "0" となり，FF_0 がリセットされないまま動作が終了してしまう．このように，図 7.9 のカウンタ回路は，誤動作の可能性を含んでいる．

　図 7.11 は，5 個目のクロックパルスの入力ですべてのフリップフロップを確実にリセットするための改良型非同期式 5 進カウンタ回路である．図 7.12 に，この回路のタイムチャートを示す．

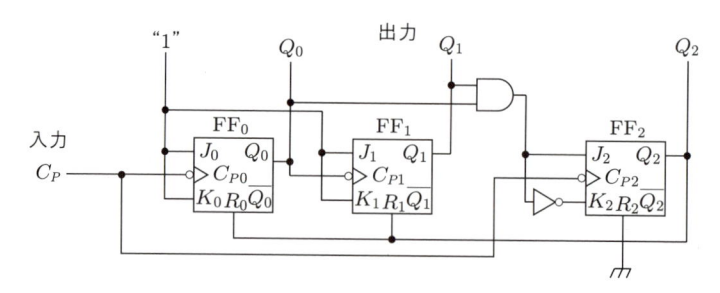

図 7.11 改良型非同期式 5 進カウンタ回路

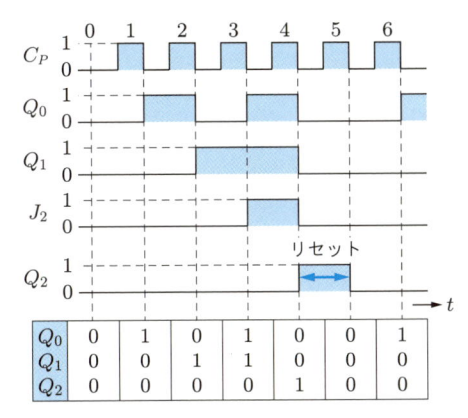

図7.12 改良型非同期式5進カウンタ回路のタイムチャート

この回路のフリップフロップ FF_0 と FF_1 は，4進カウンタとして動作する．そして，FF_2 は，Dフリップフロップの動作をする．したがって，クロックパルス入力 $C_P=3$ の動作で，$Q_0=Q_1=$ "1" となり，ANDゲートの出力 (J_2) が "1" になる．続く $C_P=4$ の動作で，FF_2 がセット動作を行い $Q_2=$ "1" となり，FF_0 と FF_1 が強制的に非同期リセットされる．$Q_2=$ "1" の状態は，次の $C_P=5$ が入力されるまで続く．つまり，FF_1 と FF_0 がリセットされる時間が次のクロックパルス入力まで続くため，確実なリセット動作が行える．

↳ 章末問題 **7.7**

7.2.4 カウンタによる分周

図7.13 は，JKフリップフロップによる2進カウンタ回路である．使用しているフリップフロップが1個なので，非同期式または同期式に分類することはできないが，このカウンタの入力 C_P と出力 Q の関係を図7.14のタイムチャートで考えてみよう．

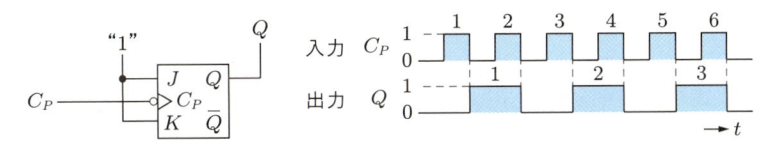

図7.13 2進カウンタ回路　　図7.14 2進カウンタ回路のタイムチャート

タイムチャートでは，6個のクロックパルス C_P を入力している．そして，これらの入力に対応する出力 Q のパルスは3個である．言い換えれば，一定時間あたりのパルス数が1/2になっている．つまり，出力信号の周波数が，入力信号の1/2になったことを意味している．このような機能を**分周**（frequency divide）または**プリスケール**（prescale）という．n 進カウンタ回路を使用すれば，$1/n$ 分周が行える．

↳ 章末問題 **7.8**，**7.9**

章末問題 7

7.1 7進アップカウンタの動作表を書きなさい．ただし，クロックパルスを 0 個から 7 個まで入力した場合を表しなさい．

7.2 動作中にノイズの影響による誤動作をしやすいのは，非同期式と同期式のどちらのカウンタか答えなさい．また，その理由を簡単に説明しなさい．

7.3 非同期式 64 進カウンタ回路を構成する場合，フリップフロップは最低何個必要か答えなさい．

7.4 図 7.15 に示すカウンタ回路の名称を答えなさい．

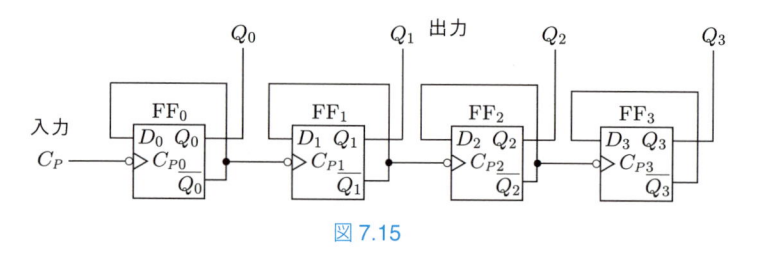

図 7.15

7.5 ポジティブエッジのクロックパルス入力端子 C_P をもつ JK フリップフロップを使用して，非同期式 8 進アップカウンタ回路を設計しなさい．

7.6 ポジティブエッジのクロックパルス入力端子 C_P と負論理で動作する非同期型リセット端子もつ JK フリップフロップを使用して，非同期式 7 進アップカウンタ回路を設計しなさい．ただし，回路は図 7.9 に示したような簡易型でよい．

7.7 非同期式 n 進カウンタ回路の設計において，n の値が非常に大きくなった場合に考えられる問題点を答えなさい．

7.8 分周とはどのような機能であるか，簡単に説明しなさい．

7.9 図 7.15 に示したカウンタ回路を分周器（プリスケーラ）として使用した場合，どのような動作をするか簡単に説明しなさい．

8章 同期式カウンタ

同期式カウンタは，使用するフリップフロップのクロックパルス入力端子を共通に接続して構成する．したがって，同じクロックパルス入力ですべてのフリップフロップが同時に動作する．ここでは，同期式カウンタの設計法とシフトレジスタ，リングカウンタとジョンソンカウンタについて学ぼう．

8.1 同期式カウンタの設計

8.1.1 カウンタの動作タイミング

図 8.1(a) は非同期式 4 進カウンタ回路，図 (b) は同期式 4 進カウンタ回路である．また，図 8.2 は，4 進カウンタ回路のタイムチャートを示している．このタイムチャートは，非同期式と同期式とも同じである．

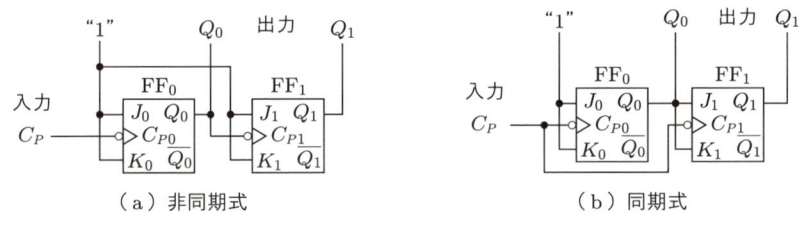

図 8.1 4 進カウンタ回路

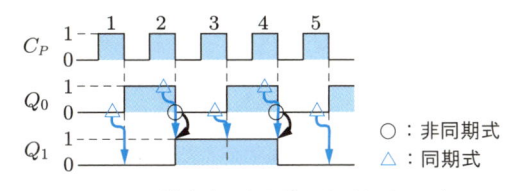

図 8.2 4 進カウンタ回路のタイムチャート

同じタイムチャートであっても，非同期式と同期式ではフリップフロップの動作のタイミングが異なるので注意が必要である．非同期式では，フリップフロップ FF_1 のクロックパルス入力端子 C_{P1} が前段の FF_0 の出力 Q_0 を受け取って動作する．したがって，FF_1 が動作するときは C_{P1} が図 8.2 の○の入力信号を受け取る．一方，同期式では，C_{P0} と C_{P1} が共通であるため，FF_0 と FF_1 は同時に動作する．したがって，FF_1 が動作するときは J_1，K_1 が図 8.2 の△の入力信号（それまで FF_0 が出力していた Q_0）を受け取る．

8.1.2 同期式 2^k 進カウンタ

非同期式カウンタと同様に，2^k 進と n 進カウンタに分けて同期式カウンタの設計法を説明する．表 8.1 は，4 進カウンタの動作表である．

この動作表から，出力 Q_0 が "1" になった次の動作で，出力 Q_1 が反転動作をしていることがわかる．これより，図 8.1(b) に示した同期式 4 進カウンタ回路が得られる．図 (b) は，フリップフロップ FF_0 の出力 Q_0 を次段 FF_1 の反転入力端子（J と K）に接続している．

また，表 8.2 は，8 進カウンタの動作表である．この動作表においても，4 進カウンタの動作表と同様に，出力 Q_0 が "1" になった次の動作で，出力 Q_1 が反転動作をしている．さらに，出力 $Q_1 = Q_0 =$ "1" になった次の動作で，出力 Q_2 が反転動作をしていることがわかる．これより，図 8.3 に示す同期式 8 進カウンタ回路が得られる．

表 8.1 4 進カウンタの動作表

C_P	Q_1	Q_0
0	0	0
1	0	①
2	1	0
3	1	①
4	0	0

表 8.2 8 進カウンタの動作表

C_P	Q_2	Q_1	Q_0
0	0	0	0
1	0	0	①
2	0	1	0
3	0	①	①
4	1	0	0
5	1	0	①
6	1	1	0
7	1	①	①
8	0	0	0

図 8.3 同期式 8 進カウンタ回路

このような動作は，2^k 進カウンタすべてについて当てはまる．つまり，同期式 2^k 進カウンタ回路において，ある出力 Q に注目すれば，Q より下位の出力がすべて "1" になった次の動作で，出力 Q が反転動作するように回路を構成すればよい．図 8.4 に示す同期式 16 進カウンタ回路によって，回路の構成法を確認しよう．

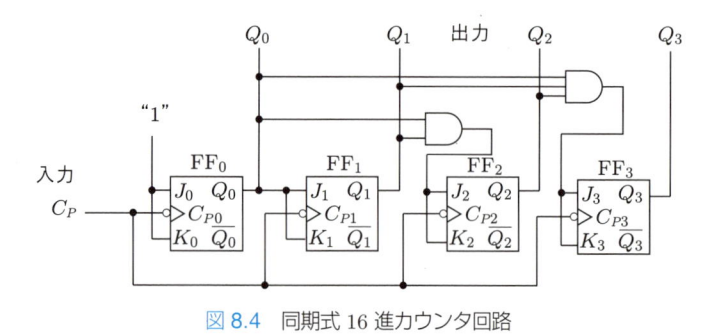

図 8.4 同期式 16 進カウンタ回路

↳ 章末問題 8.1，8.2

8.1.3　同期式 n 進カウンタ

ここでは，特性方程式を用いた同期式 n 進カウンタの設計法を説明する．例として，JK フリップフロップを使用した同期式 7 進カウンタ回路を設計してみよう．表 8.3 に，7 進カウンタの特性表を示す．この特性表から特性方程式 (8.1)～(8.3) が得られる．

表 8.3　7 進カウンタの特性表

C_P	Q_2^t	Q_1^t	Q_0^t	Q_2^{t+1}	Q_1^{t+1}	Q_0^{t+1}
1	0	0	0	0	0	1
2	0	0	1	0	1	0
3	0	1	0	0	1	1
4	0	1	1	1	0	0
5	1	0	0	1	0	1
6	1	0	1	1	1	0
7	1	1	0	0	0	0
8	1	1	1	ϕ	ϕ	ϕ

(ϕ : don't care)

$$Q_0^{t+1} = \overline{Q_2^t} \cdot \overline{Q_1^t} \cdot \overline{Q_0^t} + \overline{Q_2^t} \cdot Q_1^t \cdot \overline{Q_0^t} + Q_2^t \cdot \overline{Q_1^t} \cdot \overline{Q_0^t} \tag{8.1}$$

$$Q_1^{t+1} = \overline{Q_2^t} \cdot \overline{Q_1^t} \cdot Q_0^t + \overline{Q_2^t} \cdot Q_1^t \cdot \overline{Q_0^t} + Q_2^t \cdot \overline{Q_1^t} \cdot Q_0^t \tag{8.2}$$

$$Q_2^{t+1} = \overline{Q_2^t} \cdot Q_1^t \cdot Q_0^t + Q_2^t \cdot \overline{Q_1^t} \cdot \overline{Q_0^t} + Q_2^t \cdot \overline{Q_1^t} \cdot Q_0^t \tag{8.3}$$

カルノー図を用いて，各特性方程式の論理圧縮を試みると，図 8.5 のようになる．

(a) Q_0^{t+1}
$= \overline{Q_1^t} \cdot \overline{Q_0^t} + \overline{Q_2^t} \cdot \overline{Q_0^t}$

(b) Q_1^{t+1}
$= \overline{Q_1^t} \cdot Q_0^t + \overline{Q_2^t} \cdot Q_1^t \cdot \overline{Q_0^t}$

(c) Q_2^{t+1}
$= Q_2^t \cdot \overline{Q_1^t} + Q_1^t \cdot Q_0^t$

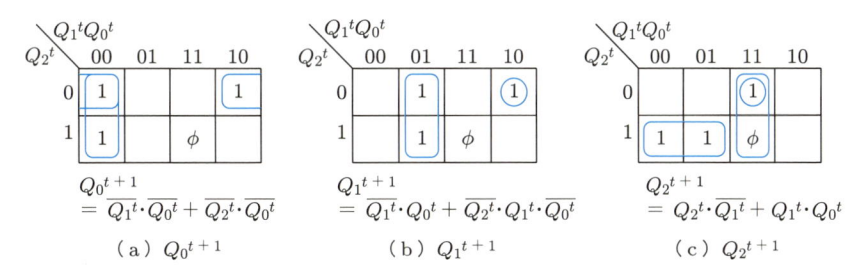

図 8.5　カルノー図による論理圧縮

一方，使用する JK フリップフロップの特性方程式は，式 (6.2) (p.73) のようになる．ここでは，式 (8.4) として再掲する．

$$Q^{t+1} = J \cdot \overline{Q^t} + \overline{K} \cdot Q^t \tag{8.4}$$

次に，図 8.5 で得られた各式を，JK フリップフロップの特性方程式 (8.4) と同じ形式に変形することを考える．たとえば，図 8.5(a) の Q_0^{t+1} については，式 (8.5) の変形を行う．

$$Q_0^{t+1} = \overline{Q_1^t} \cdot \overline{Q_0^t} + \overline{Q_2^t} \cdot \overline{Q_0^t} = (\overline{Q_1^t} + \overline{Q_2^t}) \cdot \overline{Q_0^t} + 0 \cdot Q_0^t \tag{8.5}$$

式 (8.4) と式 (8.5) を恒等式として考えれば，式 (8.6) が得られる．

$$\left. \begin{array}{l} J_0 = \overline{Q_1^t} + \overline{Q_2^t} \\ K_0 = \overline{0} = 1 \end{array} \right\} \tag{8.6}$$

また，図 8.5(b) の Q_1^{t+1} については，式 (8.7) の変形を行えば，式 (8.8) の関係が得られる．

$$Q_1^{t+1} = \overline{Q_1^t} \cdot Q_0^t + \overline{Q_2^t} \cdot Q_1^t \cdot \overline{Q_0^t} = Q_0^t \cdot \overline{Q_1^t} + (\overline{Q_2^t} \cdot \overline{Q_0^t}) \cdot Q_1^t \tag{8.7}$$

$$\left. \begin{array}{l} J_1 = Q_0^t \\ K_1 = \overline{\overline{Q_2^t} \cdot \overline{Q_0^t}} \end{array} \right\} \tag{8.8}$$

同様に，図 8.5(c) の Q_2^{t+1} についても変形を行いたいのだが，式 (8.9) に $\overline{Q_2^t}$ の項がないために行き詰まってしまう．

$$Q_2^{t+1} = Q_2^t \cdot \overline{Q_1^t} + Q_1^t \cdot Q_0^t \tag{8.9}$$

このような場合には，図 8.5(c) のカルノー図を検討し，必要な項が得られるように工夫する．この例では，カルノー図の $Q_2^t Q_1^t Q_0^t =$ "011" の領域にある "1" について，ϕ とのループによる論理圧縮を敢えて行わないことで式 (8.10) のように $\overline{Q_2^t}$ の項が得られる．

$$Q_2^{t+1} = Q_2^t \cdot \overline{Q_1^t} + \overline{Q_2^t} \cdot Q_1^t \cdot Q_0^t = (Q_1^t \cdot Q_0^t) \cdot \overline{Q_2^t} + \overline{Q_1^t} \cdot Q_2^t \tag{8.10}$$

そして，式 (8.10) と式 (8.4) から，式 (8.11) の関係が得られる．

$$\left. \begin{array}{l} J_2 = Q_1^t \cdot Q_0^t \\ K_2 = \overline{\overline{Q_1^t}} = Q_1^t \end{array} \right\} \tag{8.11}$$

上記の式 (8.6)，式 (8.8)，式 (8.11) から，図 8.6 に示す同期式 7 進カウンタ回路を構

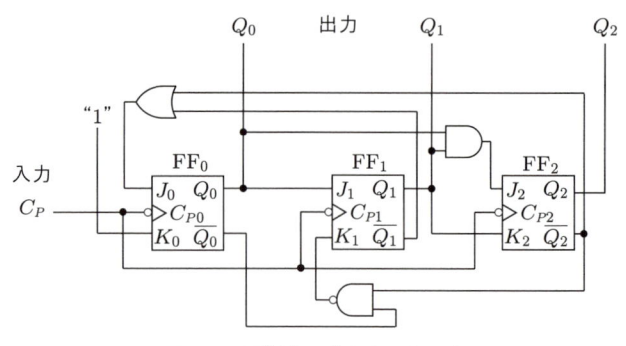

図 8.6　同期式 7 進カウンタ回路

成することができる．同期式 n 進カウンタ回路は，状態遷移表を用いて設計することもできる．これについては，第 9 章で説明する． ↪章末問題 8.3

8.2 シフトレジスタ

8.2.1 シフトレジスタの基礎

図 8.7 は，4 個のフリップフロップを**縦続接続** (cascade connection) した回路である．この回路のタイムチャート例を図 8.8 に示す．入力端子 X に加えた信号が，クロックパルス C_P の入力に伴って，徐々に右隣のフリップフロップに移動する動作をしている．このような回路を**シフトレジスタ** (shift register) という．

図 8.7　シフトレジスタ回路

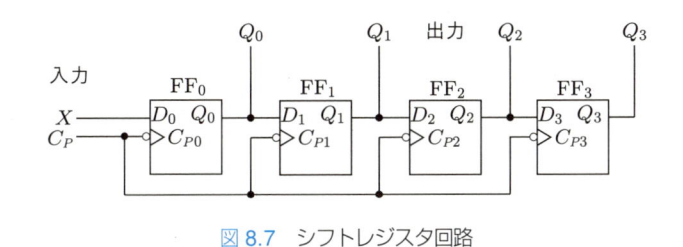

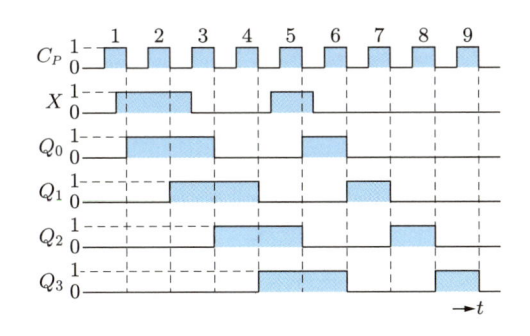

図 8.8　シフトレジスタ回路のタイムチャート例

シフトレジスタにおいて，入力端子 X から直列に入力したデータを各フリップフロップに取り込んだ後，出力 $Q_0 \sim Q_3$ から同時（並列）に取り出せば，データの直列–並列変換が行える．また，セット・リセット端子のついたフリップフロップを使用するなどして，各フリップフロップに同時（並列）にデータを取り込んだ後，クロックパルス C_P を入力しながら出力 Q_3 から直列に取り出せば，データの並列–直列変換が行える．図 8.7 は，4 ビットのシフトレジスタ回路の例であるが，さらに多くのフリップフロップを縦続接続すれば，より大きいデータを操作できるシフトレジスタ回路に

なる．シフトレジスタ回路は，文字や図形を流れるように表示する LED などを用いた電光掲示板の制御回路に応用することもできる． ↳章末問題 8.4

8.2.2 リングカウンタ

図 8.9 は，シフトレジスタ回路のフリップフロップ FF_3 の出力 Q_3 と $\overline{Q_3}$ を，入力側のフリップフロップ FF_0 の入力 J_0 と K_0 にそれぞれ接続した回路である．このような回路を**リングカウンタ** (ring counter) という．

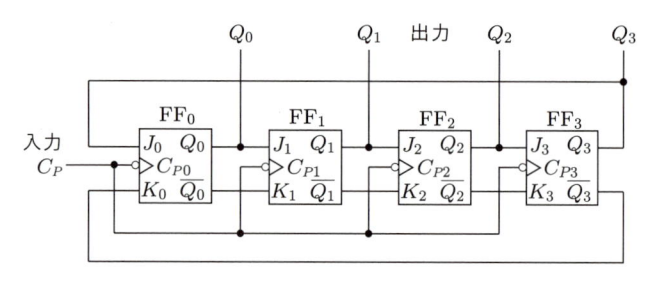

図 8.9 リングカウンタ回路

この回路において，初期状態 $Q_0Q_1Q_2Q_3 =$ "1000" の状態から，クロックパルス C_P を入力した場合のタイムチャートを図 8.10 に示す．

この回路は，表 8.4 に示すように $Q_0Q_1Q_2Q_3$ が "1000" → "0100" → "0010" → "0001" のように 1 個の "1" が循環しながら 4 パターンの出力を繰り返す動作をする．したがって，第 7 章 (p.85) で説明したように，同期式 4 進カウンタと捉えることができる．

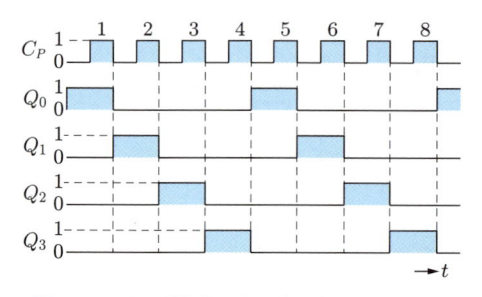

図 8.10 リングカウンタ回路のタイムチャート

表 8.4 リングカウンタの動作表

C_P	Q_0	Q_1	Q_2	Q_3
0	1	0	0	0
1	0	1	0	0
2	0	0	1	0
3	0	0	0	1

リングカウンタを使用すれば，n 個のフリップフロップの縦続接続によって，n 進カウンタを構成することができる．リングカウンタは，図 8.11 の青色部の定常ループのように状態を遷移する．

しかし，図 8.9 に示した回路において，何かのトラブルで定常ループから外れた出力

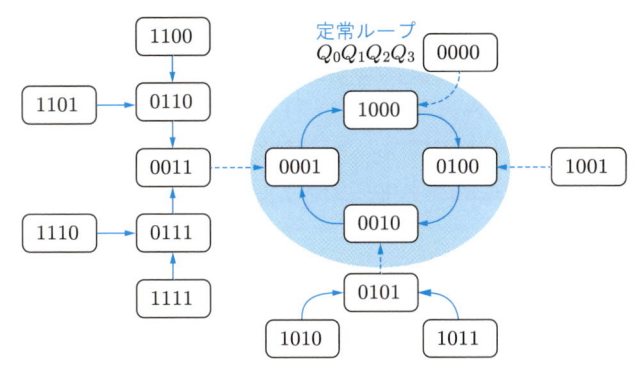

図 8.11　リングカウンタの動作

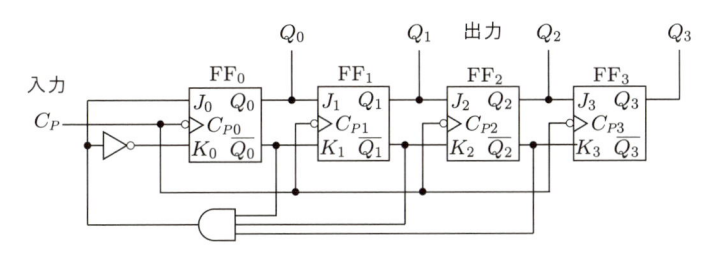

図 8.12　自己補正型リングカウンタ回路

状態になった場合は，復旧できない．一方，図 8.12 は，**自己補正型**とよばれるリングカウンタ回路であり，どのような出力状態になった場合でも，カウントを続ければ定常ループに復旧できる（図 8.11）．この回路は，出力 $Q_0Q_1Q_2$ のうち一つ以上が "1" を出力している場合に，次の動作で Q_0 をリセットする．

図 8.9 に示したリングカウンタ回路を動作させる場合は，どれか一つのフリップフロップ出力だけを "1" にする初期条件が必要であった．このため，実際にはセット・リセット端子を備えたフリップフロップを使用する必要がある．この観点から，自己補正型リングカウンタ回路は，どのような状態からでも動作を開始できる**自己スタート機能**をもった回路であると考えることもできる．

8.2.3　ジョンソンカウンタ

図 8.13 は，シフトレジスタ回路のフリップフロップ FF_3 の出力 Q_3 と $\overline{Q_3}$ を入力側のフリップフロップ FF_0 の入力 K_0 と J_0 にそれぞれ接続した回路である．この接続の仕方は，図 8.9 に示したリングカウンタ回路と比べて，出力 Q_3 と $\overline{Q_3}$ の接続先が逆になっていることに注意しよう．図 8.13 のような回路を**ジョンソンカウンタ** (Johnson counter) という．

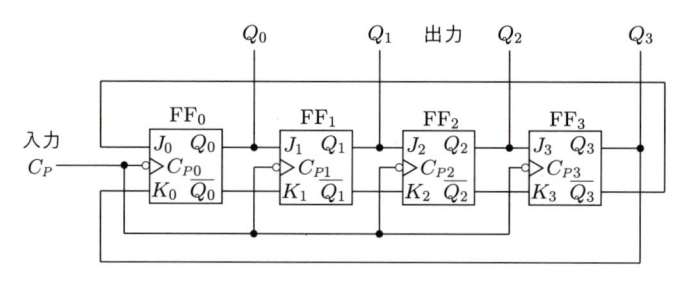

図 8.13　ジョンソンカウンタ回路

この回路において，初期状態 $Q_0Q_1Q_2Q_3 =$ "0000" の状態から，クロックパルス C_P を入力した場合のタイムチャートを図 8.14 に示す．

この回路は，表 8.5 に示すように $Q_0Q_1Q_2Q_3$ が 8 パターンの出力を繰り返す動作をするため，同期式 8 進カウンタと捉えることができる．

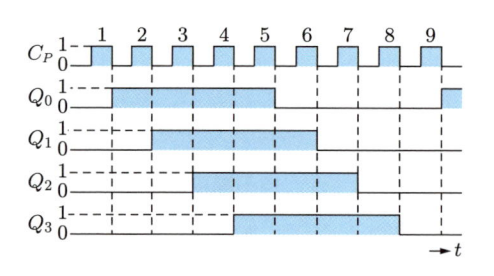

図 8.14　ジョンソンカウンタ回路のタイムチャート

表 8.5　ジョンソンカウンタの動作表

C_P	Q_0	Q_1	Q_2	Q_3
0	0	0	0	0
1	1	0	0	0
2	1	1	0	0
3	1	1	1	0
4	1	1	1	1
5	0	1	1	1
6	0	0	1	1
7	0	0	0	1

ジョンソンカウンタを使用すれば，n 個のフリップフロップの縦続接続によって，$2n$ 進カウンタを構成することができる．

↳ 章末問題 8.5, 8.6

■ 章末問題 8

8.1　同期式 32 進カウンタ回路を設計しなさい．ただし，ネガティブエッジで動作するクロックパルス入力端子 C_P をもった JK フリップフロップを使用すること．

8.2　同期式 2^k 進カウンタ回路の構成において，k の値が大きい場合に問題となることについて考察し，説明しなさい．

8.3　特性方程式を用いて同期式 5 進カウンタ回路を設計しなさい．ただし，ポジティブエッジで動作するクロックパルス入力端子 C_P をもった JK フリップフロップを使用すること．

8.4　図 8.15 に示す回路は，どのような動作をするか説明しなさい．ただし，フリップフロップのセット・リセット端子は，非同期型とする．

8.5　図 8.16 に示す回路は，どのような動作をするか説明しなさい．

図 8.15

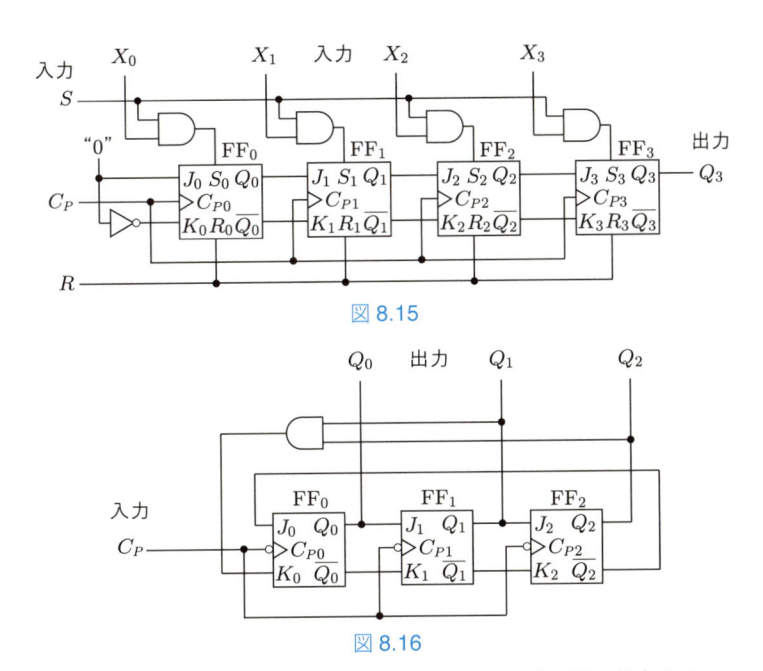

図 8.16

8.6 同期式 10 進カウンタ回路を構成する場合について，次の問に答えなさい．
(1) 最低限必要なフリップフロップの個数
(2) リングカウンタ回路を構成する場合に必要なフリップフロップの個数
(3) ジョンソンカウンタ回路を構成する場合に必要なフリップフロップの個数

■ コラム 2：電子サイコロ回路

ここでは，同期式カウンタを応用した回路例として，**電子サイコロ回路**を設計してみよう．図 8.17 に，回路の構成を示す．

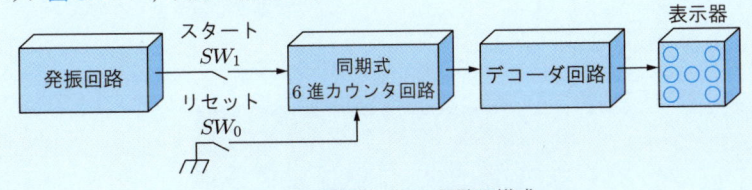

図 8.17　電子サイコロ回路の構成

この回路では，非安定マルチバイブレータ（p.117, 図 10.11 参照）を用いた発振回路によって発生した方形波をクロックパルスとして同期式 6 進カウンタ回路を動作させている．そして，カウンタ回路の出力 "000"〜"101" をデコーダ回路によってデコードし，7 個の LED をサイコロの目に見立てて点灯させている．点灯するサイコロの目は，"1"〜"6" を順番に繰り返すが，発振回路の周波数を高くすれば，カウンタの動作が高速となり，肉眼では確認できない切り替わり時間となる．したがって，カウンタ

が停止したときに表示されるサイコロの目は，人からみるとランダムに表示されているのと同様である．この回路では，式 (8.12) のように発振回路の計算上の周波数を約 $22.7\,\mathrm{kHz}$ とした（p.119, 式 (10.20) 参照）．

$$f = \frac{1}{T} \fallingdotseq \frac{1}{2.2RC} = \frac{1}{2.2 \times (20 \times 10^3) \times (0.001 \times 10^{-6})} \fallingdotseq 22.7\,\mathrm{kHz} \quad (8.12)$$

カウンタ回路は，第 8 章の特性方程式を使う方法，または，第 9 章の状態遷移表を用いる方法で設計すればよい．ここでは，JK フリップフロップを用いた回路としたが，IC としては 75HC73 が使用できる．デコーダ回路は，第 5 章の章末問題 5.5 で設計した回路が使用できる．図 8.18 に電子サイコロの回路図，図 8.19 に製作例を示す．

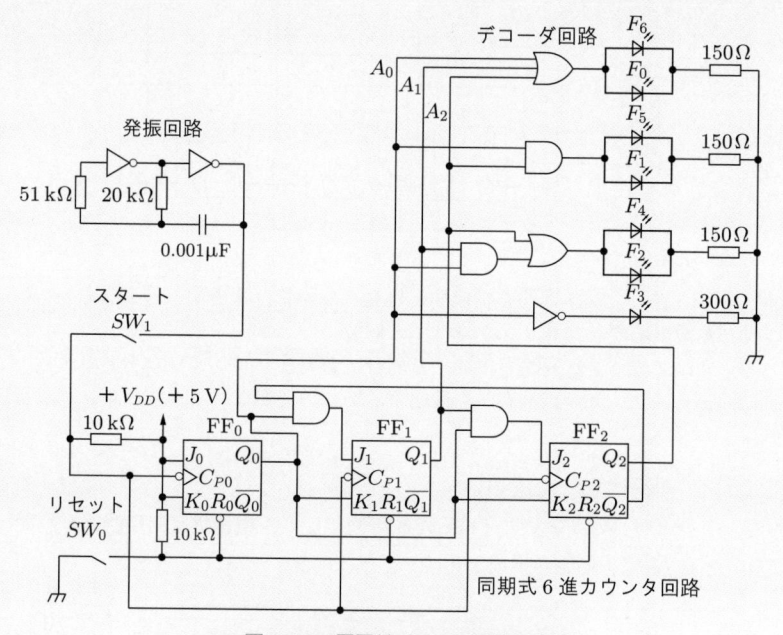

図 8.18 電子サイコロの回路図

図 8.19 電子サイコロの製作例

9章 順序回路

これまで，順序回路の基礎として，フリップフロップやカウンタについて学んだ．この章では，状態遷移図や状態遷移表などを用いた順序回路の表現について学習する．さらに，自動販売機などを題材として，順序回路を設計する手順を理解しよう．

9.1 順序回路の考え方

9.1.1 順序回路の構成

図 9.1 に示すように，**順序回路**は，**組み合わせ回路**と**記憶回路**を含んだ構成をしている．記憶回路は，**遅延回路**ともよばれ，内部状態を保持する働きをするため，フリップフロップを使用することができる．順序回路における出力 $z(t)$ は，現在の内部状態 $s(t)$ に影響されることがあるため，同じ入力 $x(t)$ を与えたからといって，いつも同じ出力値であるとは限らない．

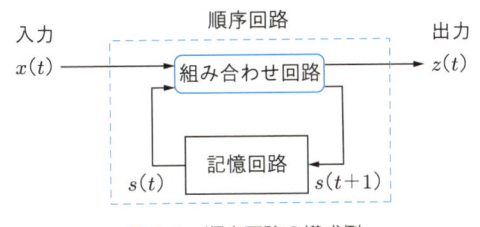

図 9.1 順序回路の構成例

順序回路のように，ある入力に対して自動的な処理を行い，出力を決める装置を**オートマトン** (automaton) という．また，取り得る入出力や内部状態が有限個である場合は，**有限オートマトン** (finite automaton：発音 fáinait) という．さらに，順序回路を，定義された内部状態を遷移させながら動作する装置であると捉えて，**状態機械** (state machine) とよぶこともある．

9.1.2 順序回路のモデル

順序回路のモデルは，図 9.2 のように**ミーリー** (Mealy) **型**と**ムーア** (Moore) **型**に大別することができる．ミーリー型は，現在の入力 $x(t)$ と現在の内部状態 $s(t)$ によって出力 $z(t)$ が決まる順序回路である．現在の出力 $z(t)$ と次の内部状態 $s(t+1)$ は，**出力関数** δ と**状態遷移関数** σ を使って式 (9.1) のように表すことができる．

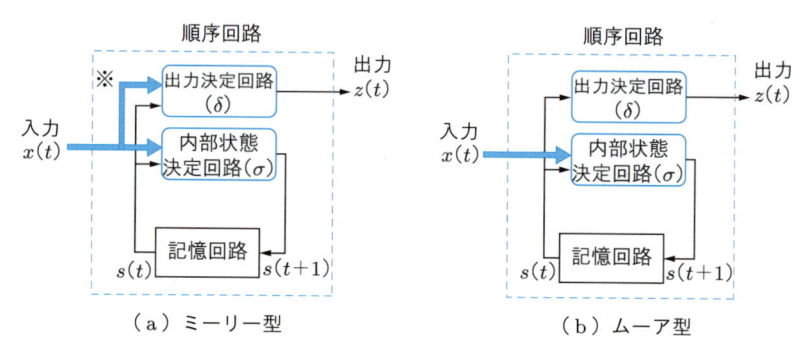

図 9.2　順序回路のモデル

$$
\left.\begin{array}{l}
z(t) = \delta(x(t), s(t)) \\
s(t+1) = \sigma(x(t), s(t))
\end{array}\right\} \tag{9.1}
$$

ムーア型は，現在の内部状態 s(t) のみによって出力 z(t) が決まる順序回路であり，式 (9.2) のように表すことができる．

$$
\left.\begin{array}{l}
z(t) = \delta(s(t)) \\
s(t+1) = \sigma(x(t), s(t))
\end{array}\right\} \tag{9.2}
$$

これらのモデルの大きな違いは，ミーリー型の入力 $x(t)$ と出力 $z(t)$ の間に，出力決定回路を経由するパス（図 9.2(a) ※印）が存在することである．これにより，ミーリー型は，入力の変化が直ちに出力に反映される．一方，ムーア型の出力 $z(t)$ は，記憶回路の出力 $s(t)$ のみで決まるため，ラッチされているデータによって出力 $z(t)$ が確定する．したがってムーア型は，入力の変化が出力に反映されるのが次の動作時になる．つまり，ミーリー型はムーア型に比べて 1 クロックパルス分速く動作すると考えることができる．また，ミーリー型は，入力側に生じた**ハザード**を出力に反映してしまう場合もあるが，ムーア型ではそれがないと捉えることもできる．さらに，ミーリー型はムーア型よりも少ない状態数で回路を構成できる場合がある（p.111 参照）．図 9.1 に示した順序回路の構成例は，ミーリー型の簡易表現である．

↳**章末問題 9.1**

9.2　順序回路の表現

9.2.1　ミーリー型順序回路の表現

順序回路の動作は，**状態遷移図** (state transition diagram) や**状態遷移表** (state transition table) で表現することができる．図 9.3 に，ミーリー型の状態遷移図の基本形を示す．ミーリー型は，入力が与えられると，出力を出してから次の状態に遷移すると考えられる．

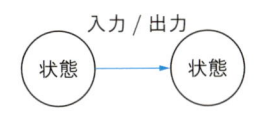

図 9.3　ミーリー型の状態遷移図の基本形

たとえば，図 9.4 のような入力端子付き同期式 3 進カウンタ回路を考えよう．この回路は，入力 x が "1" のときに有効なクロックパルス C_P が与えられると表 9.1 のように 3 種の内部状態 s_0, s_1, s_2 の遷移を繰り返して，出力をカウントアップする．入力 x が "0" のときには，カウント動作をしない．表 9.1 を**状態割り当て表**ともいう．

表 9.1　内部状態と出力

内部状態	出力	
	z_1	z_0
s_0	0	0
s_1	0	1
s_2	1	0

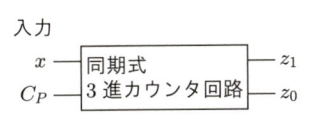

図 9.4　入力端子付き同期式 3 進カウンタ回路

この 3 進カウンタ回路をミーリー型の状態遷移図で表すと，図 9.5 のようになる．また，表 9.2 は，ミーリー型の状態遷移表である．ここでの入力 x は，クロックパルス C_P と異なることに注意しよう．

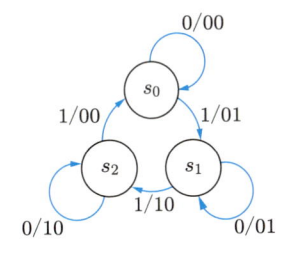

図 9.5　ミーリー型の状態遷移図

表 9.2　ミーリー型の状態遷移表

現在の状態	入力	
	0	1
s_0	$s_0/00$	$s_1/01$
s_1	$s_1/01$	$s_2/10$
s_2	$s_2/10$	$s_0/00$

9.2.2　ムーア型順序回路の表現

図 9.6 に，ムーア型の状態遷移図の基本形を示す．ムーア型は，入力が与えられると，次の状態に遷移してから出力を出すと考えられる．

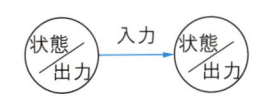

図 9.6　ムーア型の状態遷移図の基本形

9.2　順序回路の表現

ミーリー型順序回路の表現で用いた入力端子付き同期式 3 進カウンタ回路（図 9.4，表 9.1）をムーア型の状態遷移図で表すと，図 9.7 のようになる．また，表 9.3 は，ムーア型の状態遷移表である．ただし，状態遷移表については，表 9.2 のミーリー型，表 9.3 のムーア型とも，解釈の仕方によって他の形式で表現することもある．

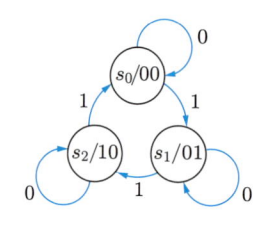

図 9.7 ムーア型の状態遷移図

表 9.3 ムーア型の状態遷移表

| 現在の | 入力 | | 出力 | |
状態	0	1	0	1
s_0	s_0	s_1	00	01
s_1	s_1	s_2	01	10
s_2	s_2	s_0	10	00

9.3 順序回路の設計

9.3.1 3 進カウンタの設計

前出の入力端子付き同期式 3 進カウンタ回路（図 9.4，表 9.1）を設計してみよう．同じ図表を図 9.8，表 9.4 として再掲する．

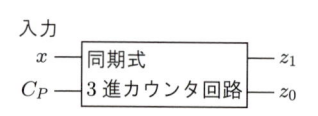

図 9.8 入力端子付き同期式 3 進カウンタ回路

表 9.4 状態割り当て表

| 内部状態 | 出力 | |
	z_1	z_0
s_0	0	0
s_1	0	1
s_2	1	0

D フリップフロップを用いた，この 3 進カウンタ回路の**詳しい状態遷移表**を表 9.5 に示す．状態 y_1，y_0 は，それぞれ D フリップフロップ FF_1，FF_0 の出力を表している．D フリップフロップは，入力を取り込んでそのまま出力するので，表 9.5 の「D-FF の入力 D_1，D_0」は「次の状態 y_1^{t+1}，y_0^{t+1}」と同じ値になる．

表 9.5 の入力 x と現在の状態 y^t を参照して，フリップフロップの入力 D_0 と D_1 の論理式をカルノー図によって求めると，図 9.9 のようになる．

ミーリー型では，次の出力 z_0 と z_1 が，現在の内部状態 y_0^t，y_1^t と入力 x で決まるから，D_0 と D_1 の導出と同じになり，式 (9.3) のようになる．

$$\left. \begin{array}{l} z_0 = D_0 \\ z_1 = D_1 \end{array} \right\} \tag{9.3}$$

表 9.5 同期式 3 進カウンタ回路の詳しい状態遷移表

現在の状態 y^t		入力	次の状態 y^{t+1}		D-FF の入力		次の出力	
y_1	y_0	x	y_1	y_0	D_1	D_0	z_1	z_0
s_0 0	0	0	s_0 0	0	0	0	0	0
s_0 0	0	1	s_1 0	1	0	1	0	1
s_1 0	1	0	s_1 0	1	0	1	0	1
s_1 0	1	1	s_2 1	0	1	0	1	0
s_2 1	0	0	s_2 1	0	1	0	1	0
s_2 1	0	1	s_0 0	0	0	0	0	0
ϕ 1	1	0	ϕ		ϕ		ϕ	
ϕ 1	1	1	ϕ		ϕ		ϕ	

(ϕ : don't care)

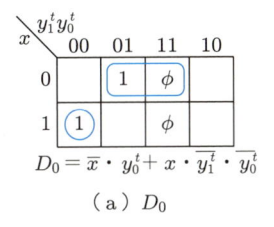

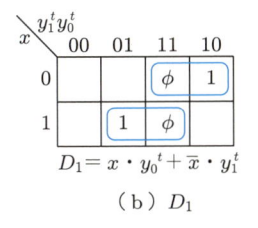

(a) D_0 : $D_0 = \overline{x} \cdot y_0^t + x \cdot \overline{y_1^t} \cdot \overline{y_0^t}$

(b) D_1 : $D_1 = x \cdot y_0^t + \overline{x} \cdot y_1^t$

図 9.9 D_0 と D_1 の導出

一方，ムーア型では，次の出力 z_0 と z_1 が，次の内部状態 y_0^{t+1}, y_1^{t+1} のみで決まるから，表 9.5 より式 (9.4) のようになる．

$$\left. \begin{array}{l} z_0 = y_0^{t+1} \\ z_1 = y_1^{t+1} \end{array} \right\} \tag{9.4}$$

これより，入力端子付き同期式 3 進カウンタ回路は，図 9.10 のようになる．ミーリー型とムーア型では，出力 z_0 と z_1 の取り出し箇所が異なる．

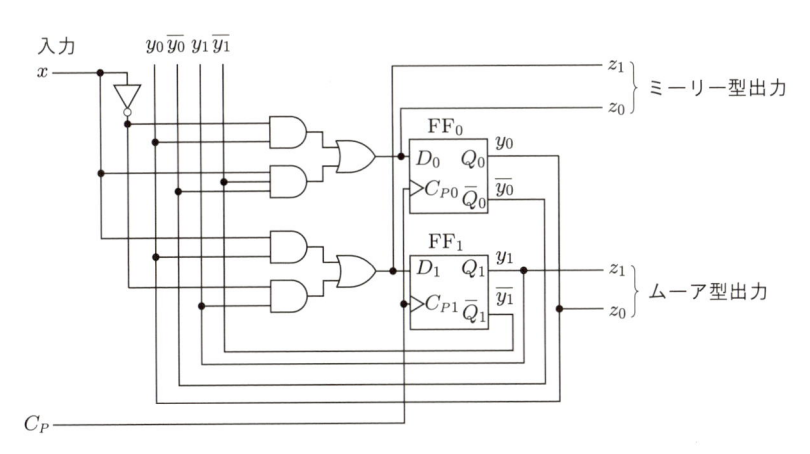

図 9.10 入力端子付き同期式 3 進カウンタ回路

ミーリー型では，出力 $z_1 =$ "0"，$z_0 =$ "0"，入力 $x =$ "0" となっている初期状態で，入力 $x =$ "1" とすれば有効なクロックパルス C_P を入力しなくても，カウント動作を行い $z_1 =$ "0"，$z_0 =$ "1" となる．しかし，ムーア型では同じ初期状態で入力 $x =$ "1" としても，次に有効な C_P が入力されるまでカウント動作を行わない．この動作の違いを，図 9.2 に示したモデルの構成に対応させて確認しよう．

9.3.2 n 進カウンタの設計

第 8 章では，特性方程式を用いた同期式 n 進カウンタの設計法について学んだ．ここでは，状態遷移表を用いた設計法を説明する．第 8 章で学んだ各種のカウンタ回路は，出力端子がフリップフロップの出力からのみ取り出されていた．つまり，これらのカウンタは，すべてムーア型の順序回路であると考えることができる．例として，図 9.11 に同期式 5 進カウンタのムーア型の状態遷移図を示す．図 (a) では，有効なクロックパルス C_P が入力されたときに状態を遷移することを前提として，矢印に入力値を記入していない．もし，C_P を入力信号として明示するなら，たとえば図 (b) ようになる．

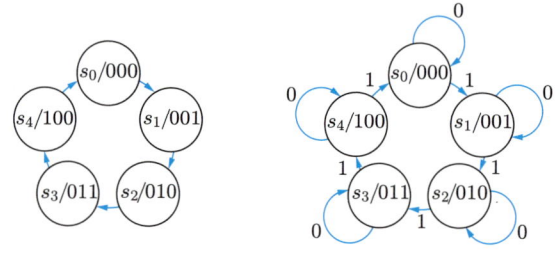

　　　　（a）C_P での動作を前提とする　　（b）C_P を入力信号として捉える

図 9.11　5 進カウンタの状態遷移図

この 5 進カウンタをポジティブエッジのクロックパルス入力端子をもつ JK フリップフロップを用いて設計してみよう．表 9.6 に，詳しい状態遷移表を示す．ムーア型の順序回路を設計するので，表 9.5 で考えた「次の出力 (z_2, z_1, z_0)」は，各フリップフロップの「次の状態 $(Q_2^{t+1}, Q_1^{t+1}, Q_0^{t+1})$」と一致するため，記載を省略してある．

たとえば，表 9.6 中に○で示した 1 個目のクロックパルス C_P による動作において，「現在の状態 $Q_0^t =$ "0"」が「次の状態 $Q_0^{t+1} =$ "1"」に遷移するためには，JK フリップフロップの入力端子 $J_0 =$ "1"，$K_0 =$ "ϕ" が条件であることを示している（フリップフロップの励起表：p.81 の表 6.5 参照）．表 9.6 から，各 JK フリップフロップの入力端子の論理式を求めるため，図 9.12 に示すようにカルノー図を描くと式 (9.5)～式

表 9.6　5 進カウンタの詳しい状態遷移表

クロックパルス C_P	現在の状態 Q^t			次の状態 Q^{t+1}			JK-FF の入力					
		Q_2	Q_1 Q_0		Q_2	Q_1 Q_0	J_2	K_2	J_1	K_1	J_0	K_0
①	s_0	0	0 ⓪	s_1	0	0 ①	0	ϕ	0	ϕ	①	ϕ
2	s_1	0	0　1	s_2	0	1　0	0	ϕ	1	ϕ	ϕ	1
3	s_2	0	1　0	s_3	0	1　1	0	ϕ	ϕ	0	1	ϕ
4	s_3	0	1　1	s_4	1	0　0	1	ϕ	ϕ	1	ϕ	1
5	s_4	1	0　0	s_0	0	0　0	ϕ	1	0	ϕ	0	ϕ
6		1	0　1									
7		1	1　0	ϕ			ϕ					
8		1	1　1									

(ϕ : don't care)

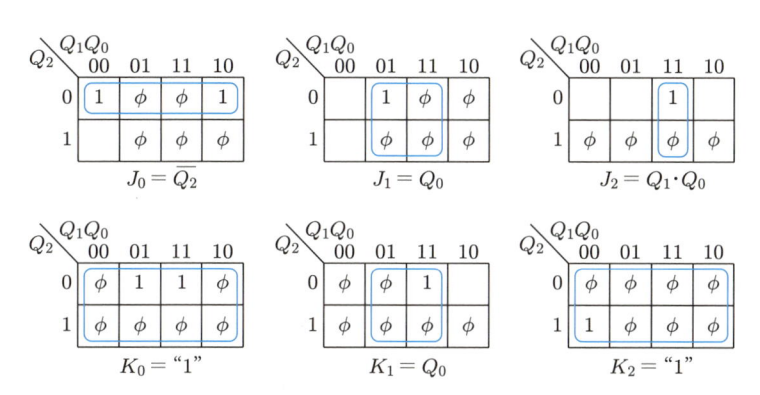

図 9.12　現在の状態 Q^t に対するカルノー図

(9.7) の論理式が得られる．

$$\left. \begin{array}{l} J_0 = \overline{Q_2^t} \\ K_0 = \text{``1''} \end{array} \right\} \tag{9.5}$$

$$\left. \begin{array}{l} J_1 = Q_0^t \\ K_1 = Q_0^t \end{array} \right\} \tag{9.6}$$

$$\left. \begin{array}{l} J_2 = Q_1^t \cdot Q_0^t \\ K_2 = \text{``1''} \end{array} \right\} \tag{9.7}$$

式 (9.5)〜式 (9.7) より，図 9.13 に示す同期式 5 進カウンタ回路が得られる．

↳ 章末問題 9.2

9.3.3　自動販売機の設計

100 円硬貨を 3 枚入れると，商品が出てくる**自動販売機**を考える．硬貨を投入したときの入力を $x = \text{``1''}$，商品が出てきたときの出力を $z = \text{``1''}$ とすれば，この自動販売機のミーリー型の状態遷移図は図 9.14，状態遷移表は表 9.7 のようになる．

9.3　順序回路の設計

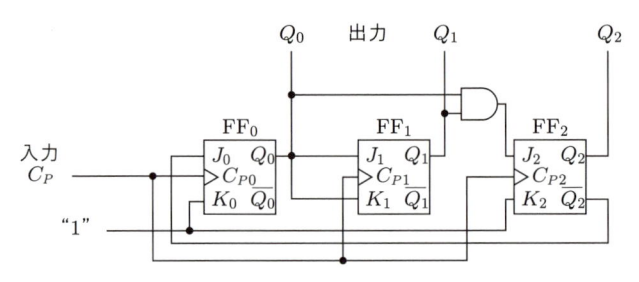

図 9.13　同期式 5 進カウンタ回路

図 9.14　自動販売機の状態遷移図（ミーリー型）

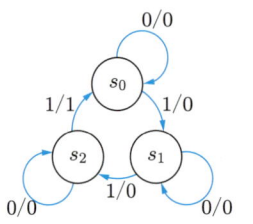

表 9.7　自動販売機の状態遷移表（ミーリー型）

現在の状態	入力 0	入力 1
s_0	$s_0/0$	$s_1/0$
s_1	$s_1/0$	$s_2/0$
s_2	$s_2/0$	$s_0/1$

表 9.8 のように**状態割り当て**を行って，D フリップフロップを用いた回路を設計しよう．詳しい状態遷移表を作成すると表 9.9 のようになる．また，表 9.9 から，D_0，D_1，z についてのカルノー図を描き，論理式を導出すると図 9.15 のようになる．

表 9.8　状態割り当て表

内部状態	D-FF の出力 y_1	y_0
s_0	0	0
s_1	0	1
s_2	1	0

表 9.9　詳しい状態遷移表

現在の状態 y^t		入力	次の状態 y^{t+1}			D-FF の入力		次の出力
y_1	y_0	x		y_1	y_0	D_1	D_0	z
0	0	0	s_0	0	0	0	0	0
0	0	1	s_1	0	1	0	1	0
0	1	0	s_1	0	1	0	1	0
0	1	1	s_2	1	0	1	0	0
1	0	0	s_2	1	0	1	0	0
1	0	1	s_0	0	0	0	0	1
ϕ	1	1	0	ϕ		ϕ		ϕ
ϕ	1	1	1	ϕ		ϕ		ϕ

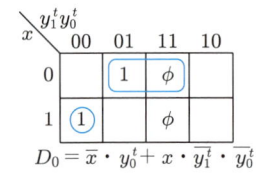

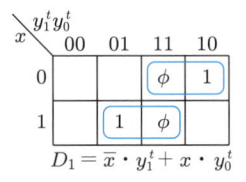

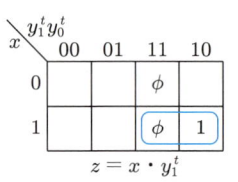

$D_0 = \bar{x} \cdot y_0^t + x \cdot \overline{y_1^t} \cdot \overline{y_0^t}$

$D_1 = \bar{x} \cdot y_1^t + x \cdot y_0^t$

$z = x \cdot y_1^t$

図 9.15　D_0，D_1，z についてのカルノー図

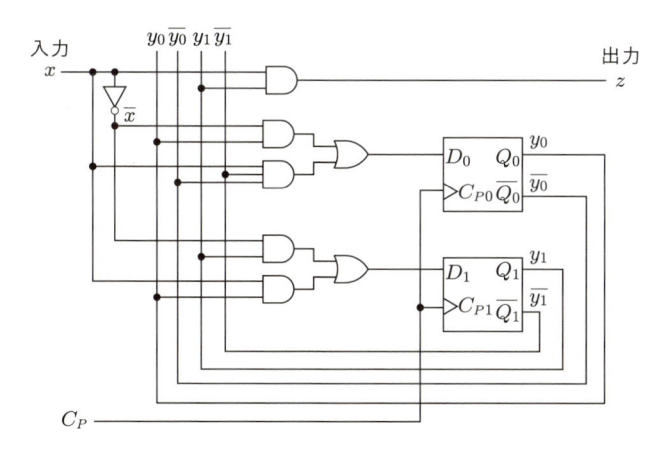

図 9.16　自動販売機の回路

得られた論理式から，図 9.16 に示す回路図が得られる．

表 9.8 に示した状態割り当てを任意に変更して設計を行えば，異なった回路が得られる．このため，状態割り当ての仕方によって，同じ機能をもったより簡単な回路が得られる場合がある．

↳ 章末問題 9.3，9.4

9.3.4　モデル変換

ミーリー型とムーア型の順序回路の**モデル変換**について考えてみよう．図 9.17 は，前に扱った自動販売機のミーリー型の状態遷移図である（図 9.14 と同じ）．この状態遷移図の状態 s_0 に注目すると，s_2 から入力 "1" で s_0 に遷移した場合は "1" を出力している．また，s_0 から入力 "0" で s_0 自身に遷移した場合は "0" を出力している．つまり，同じ s_0 に遷移する場合でも，出力が異なる．

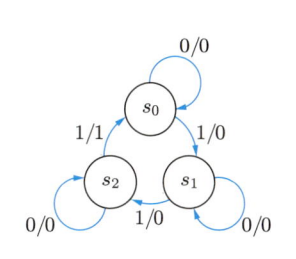

図 9.17　ミーリー型の状態遷移図 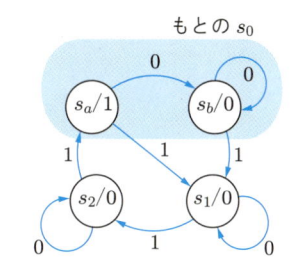　　図 9.18　ムーア型の状態遷移図

一方，ムーア型は，状態を遷移してから出力を決めると考えられるため，ある状態での出力が同じである．したがって，このミーリー型の状態遷移図は，同じ**状態数**の

ムーア型に変換することができない．ムーア型で表現するためには，s_0 を，"1" を出力する状態 s_a と "0" を出力する状態 s_b に分割して考える必要がある．図 9.18 に，s_0 を分割したムーア型の状態遷移図を示す．この例のように，ムーア型は，ミーリー型よりも状態数が増えてしまうことがある．

↪章末問題 9.5

▪ 章末問題 9

9.1 ミーリー型とムーア型を比較した次の説明は，それぞれどちらの型に当てはまるか答えなさい．
(1) 入力側に生じたハザードを出力に反映してしまうことがある．
(2) 動作が 1 クロックパルス分遅れる．また，回路の状態数が多くなってしまうことがある．

9.2 ムーア型の順序回路として，同期式 7 進カウンタを詳しい状態遷移表から設計しなさい．ただし，ネガティブエッジ型のクロックパルス端子 C_P をもった JK フリップフロップを使用すること．

9.3 本章で扱った自動販売機について，次の問に答えなさい．
(1) 表 9.8 に示した状態割り当てを任意に変更して回路を設計して比較しなさい．
(2) 図 9.18 に示したムーア型の回路を設計し，図 9.16 と比較しなさい．

9.4 1 ビットの時系列データ入力 x を受けつけて，その和が奇数か偶数かを判定するミーリー型の順序回路について，状態遷移図を示してから回路を設計しなさい．ただし，ポジティブエッジ型のクロックパルス端子 C_P をもった D フリップフロップを使用すること．

9.5 図 9.19 に示す状態遷移図について次の問に答えなさい．
(1) 状態遷移表を作成しなさい．
(2) 同じ状態を統合することで，より簡単な状態遷移表を作成しなさい．ただし，統合後は，小さい数字をもつ状態名を使用すること．たとえば，s_2 と s_5 を統合した場合は，新しい状態名を s_2 とする．
(3) 上記 (2) で簡単化した状態遷移図を書きなさい．

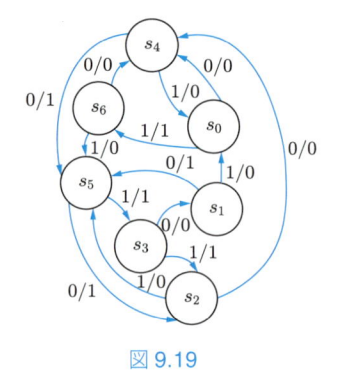

図 9.19

10章 パルス回路

これまで学んだ同期式カウンタ回路などは，クロックパルスを基準として動作する回路であった．この章では，パルスに関わる微分回路，積分回路やマルチバイブレータ回路などについて学ぼう．また，二つのスレッショルド電圧で動作するシュミット回路についても説明する．

10.1 微分回路と積分回路

10.1.1 パルスの基礎

パルス (pulse) の定義としては，短時間だけゼロ以外の振幅が現れる波形の他，広義では非正弦波波形すべてをパルスとみなすこともある．一方，本書では図 10.1 に示すように，振幅の最小値と最大値が瞬時に入れ替わる波形をパルスと定義する．

方形波　　のこぎり波　　三角波

図 10.1 パルスの例

図 10.2 に示すように，**方形波** (square-wave)（**矩形波**ともよばれる）は，四角い波形が繰り返し現れるパルスである．**周期** T と**周波数** f には，式 (10.1) の関係がある．そして，最大振幅と最小振幅の時間比を**デューティ比** (duty ratio) といい，式 (10.2) のように表す．また，T_1 のように振幅が現れている時間を**パルス幅**という．

$$T = \frac{1}{f} \tag{10.1}$$

$$D = T_1 : T_2 = \frac{T_1}{T_2} \quad (\%) \tag{10.2}$$

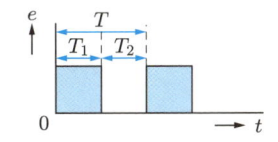

図 10.2 方形波

デューティ比が 50% のパルスだけを方形波（矩形波）という場合もあるが，本書では，四角い波形が繰り返し現れるパルスを方形波とよぶことにする．

10.1.2 微分回路

図 10.3 に示す RC **微分回路** (differentiating circuit) とよばれる回路において，スイッチ SW を閉じると，電流 i が流れてコンデンサ C の充電が始まる．このとき，C に蓄えられる電荷を Q とすれば，回路の方程式は式 (10.3) のようになる．

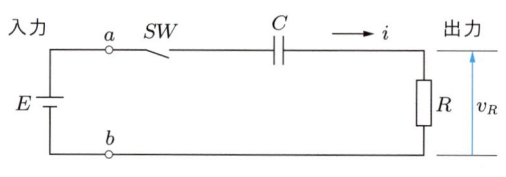

図 10.3　RC 微分回路

$$E = Ri + \frac{Q}{C} \tag{10.3}$$

電流 i は，時間に対する電荷 Q の移動量であるため，式 (10.3) は，式 (10.4) の微分方程式で表すことができる．

$$E = R\frac{dQ}{dt} + \frac{Q}{C} \tag{10.4}$$

式 (10.4) の一般解は，式 (10.5) のようになる．ただし，e は自然対数の底である．

$$Q = CE\left(1 - e^{-\frac{t}{RC}}\right) \tag{10.5}$$

式 (10.5) の両辺を時間 t で微分して，式 (10.6) を得る．

$$\frac{dQ}{dt} = 0 - CE\left(-\frac{1}{RC}e^{-\frac{t}{RC}}\right) \tag{10.6}$$

一方，図 10.3 の抵抗 R の端子電圧 v_R は，式 (10.7) で表される．

$$v_R = iR = \frac{dQ}{dt}R \tag{10.7}$$

式 (10.7) に，式 (10.6) を代入して変形すると，式 (10.8) のようになる．

$$v_R = Ee^{-\frac{t}{RC}} \tag{10.8}$$

式 (10.8) は，スイッチ SW を閉じてから，t 秒後の v_R を示す式であり，式中の RC を**時定数** τ という（式 (10.9)）．

$$\tau = RC \tag{10.9}$$

v_R の変化の仕方は，図 10.4 に示すように τ の大きさによって異なり，τ が大きいほど C の充電はゆっくりと進行する．

時定数 τ の単位を**次元解析**により確認すると，以下のように [s]（秒）であることがわかる．

$$\tau = RC = \frac{V}{I} \cdot \frac{Q}{V} \Rightarrow \frac{[\text{V}]}{[\text{A}]} \cdot \frac{[\text{C}]}{[\text{V}]} = \frac{[\text{C}]}{[\text{A}]}$$

$$I = \frac{dQ}{dt} \text{ より}, \quad [\text{A}] = \frac{[\text{C}]}{[\text{s}]}$$

$$\therefore \quad \frac{[\text{C}]}{[\text{A}]} = \frac{[\text{C}]}{[\text{C}]/[\text{s}]} = [\text{s}]$$

図 10.3 において，スイッチ SW を閉じてコンデンサ C を充電した直後に，電源 E を取り除き，端子 a-b をショートすれば，i とは逆向きの放電電流が流れる．以上のことから，端子 a-b に方形波を連続して入力すれば，コンデンサ C の充電と放電が交互に行われ，図 10.5 に示すような出力電圧 v_R が得られる．ただし，方形波のパルス幅 T_1 と τ の関係を $\tau \ll T_1$ とする．微分回路を使用すれば，入力した方形波の振幅が変化する部分に対応した出力パルスを得ることができる．

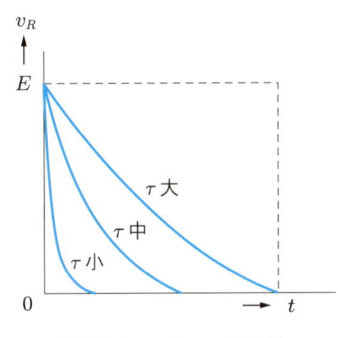

図 10.4 τ と v_R の関係　　図 10.5 微分回路の入出力波形の例 ($\tau \ll T_1$)

↳ 章末問題 10.1

10.1.3 積分回路

図 10.6 に示す **RC 積分回路** (integrating circuit) とよばれる回路において，スイッチ SW を閉じると，電流 i が流れてコンデンサ C の充電が始まる．この図は，図 10.3 に示した微分回路と比べると，出力 v_C を C の端子電圧にしたところだけが異なる．

コンデンサ C の端子電圧 v_C は，式 (10.5) を用いて，式 (10.10) のように表すことができる．

$$v_C = \frac{Q}{C} = E\left(1 - e^{-\frac{t}{RC}}\right) \tag{10.10}$$

式 (10.10) は，スイッチ SW を閉じてから，t 秒後の v_C を示す式である．v_C の変化の仕方は，図 10.7 に示すように τ の大きさによって異なる．

微分回路と同様に考えて，図 10.6 の端子 a-b に方形波を連続して入力すれば，コンデンサ C の充電と放電が交互に行われ，図 10.8 に示すような出力電圧 v_C が得られる．ただし，方形波のパルス幅 T_1 と τ の関係を $\tau \ll T_1$ とする．

図 10.6　RC 積分回路

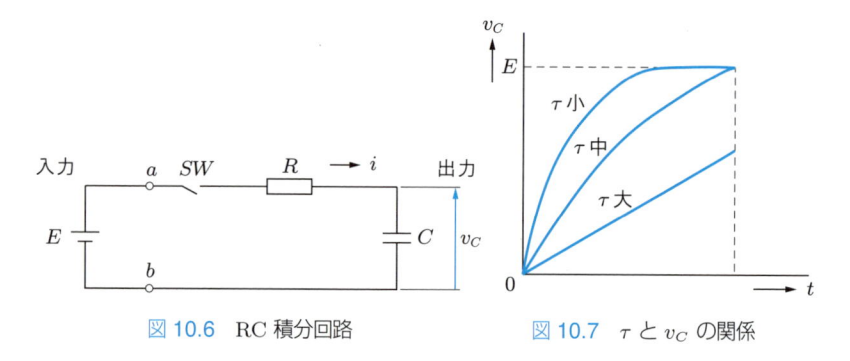

図 10.7　τ と v_C の関係

積分回路を使用すれば，入力した方形波を時間で積分した出力波を得ることができる．より直線的な積分波形を得るためには，図 10.7 に示したように，時定数 τ を大きくする必要がある．しかし，$\tau(=RC)$ を大きくすれば，式 (10.10) から出力 v_C が小さくなってしまうことがわかる．図 10.9 に示す**ミラー積分回路** (Miller integrator) は，RC 積分回路と増幅回路を組み合わせることで，より直線的，かつ大きな出力電圧を得られる積分回路として動作する．

図 10.8　RC 積分回路の入出力波形の例 ($\tau \ll T_1$)

図 10.9　ミラー積分回路

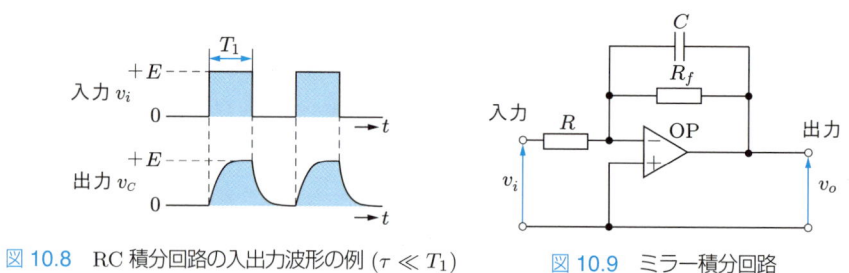

図 10.10(a) に RC 積分回路 ($R = 10\,\mathrm{k\Omega}$, $C = 0.005\,\mathrm{\mu F}$, $v_i = 2\,\mathrm{V}$, $f = 5\,\mathrm{kHz}$)，図 (b) にミラー積分回路（$R_f = 100\,\mathrm{k\Omega}$，他は同じ）による入出力波形の例を示すので比較してみよう．図 (b) は，オペアンプの反転増幅回路（p.140，コラム 3 参照）を使用しているため，出力波形の位相が反転している．

（a）RC 積分回路　　（b）ミラー積分回路

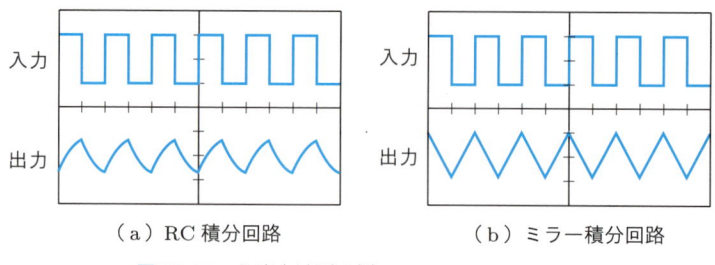

図 10.10　入出力波形の例 ($1\,\mathrm{V/div}$, $100\,\mathrm{\mu s/div}$)

↳ 章末問題 **10.2**

10.2 マルチバイブレータ回路

マルチバイブレータ (multivibrator) は，取り得る安定状態の数によって，**非安定** (astable)，**単安定** (monostable)，**双安定** (bistable) の 3 種類に分類できる．

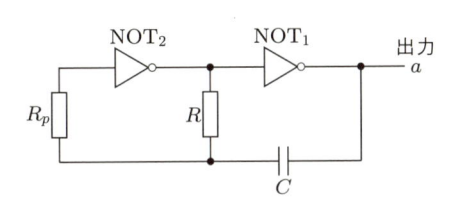

10.2.1 非安定マルチバイブレータ回路

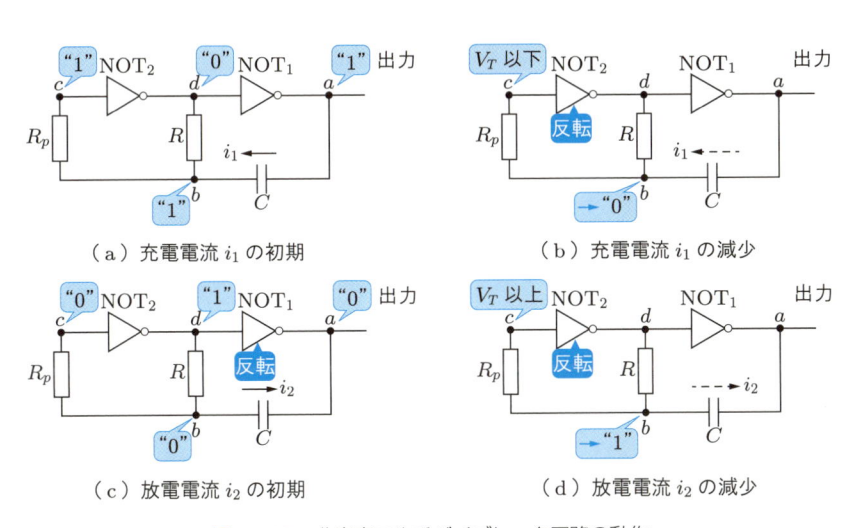

非安定マルチバイブレータ回路は，安定状態をもたずに，方形波を連続的に出力する回路である．図 10.11 に，NOT ゲートを用いた非安定マルチバイブレータ回路を示す．この回路の動作を図 10.12 を用いて説明する．

図 10.11　非安定マルチバイブレータ回路

（a）充電電流 i_1 の初期　　　　　　（b）充電電流 i_1 の減少

（c）放電電流 i_2 の初期　　　　　　（d）放電電流 i_2 の減少

図 10.12　非安定マルチバイブレータ回路の動作

■□ 非安定マルチバイブレータ回路の動作 ■□

動作 1　図 (a) は，出力端子 a が "1" である場合を示している．端子 a = "1" なので，端子 d = "0" であり，コンデンサ C に充電電流 i_1 が流れる．充電の初期では，端子 b = "1" であるが，抵抗 R による電圧降下によって端子 d = "0" で安定している．

10.2　マルチバイブレータ回路　　117

動作 2 図 (b) のように，コンデンサ C の充電が進行すると，i_1 が減少して端子 b の電位が下がっていく．同時に端子 c の電位も下がっていき，NOT_2 のスレッショルド電圧 V_T 以下になると NOT_2 が反転する．

動作 3 図 (c) のように，NOT_2 の反転によって端子 $d =$ "1" になるため，NOT_1 が反転し，端子 $a =$ "0" となり，コンデンサ C に放電電流 i_2 が流れる．放電の初期では，端子 $b =$ "0"，端子 $d =$ "1" で安定している．

動作 4 図 (d) のように，コンデンサ C の放電が進行すると，i_2 が減少して端子 b の電位が上がっていく．同時に端子 c の電位も上がっていき，NOT_2 のスレッショルド電圧 V_T 以上になると NOT_2 が反転する．

動作 5 NOT_2 の反転によって端子 $d =$ "0" になるため，NOT_1 が反転し，端子 $a =$ "1" となり，図 (a) の状態に戻る．このように，**1** から **5** を繰り返すため，出力端子 a からは，方形波が連続して出力される．

図 10.13 は，図 10.12(d) において NOT_1 が反転し，端子 $a =$ "1" となった直後の状態を示している．ただし，抵抗 R_p を接続していない．この状態では，NOT_1 による電圧 V_{DD} （"1" の論理レベル）と i_2 によるコンデンサ C の端子電圧 V_c の和が，NOT_2 の入力である端子 c にかかってしまう．このような状態にならないよう，NOT_2 の入力回路を保護する目的で，図 10.11 に示した保護抵抗 R_p を接続する．

非安定マルチバイブレータ回路が動作しているときの，端子 a と端子 b の波形を観測すると，図 10.14 のようになる．端子 b の振幅は，スレッショルド電圧 V_T を基準にして $\pm V_{DD}$ で変化している．そして，端子 a は，端子 b に連動して "0" と "1" を切り替えている．

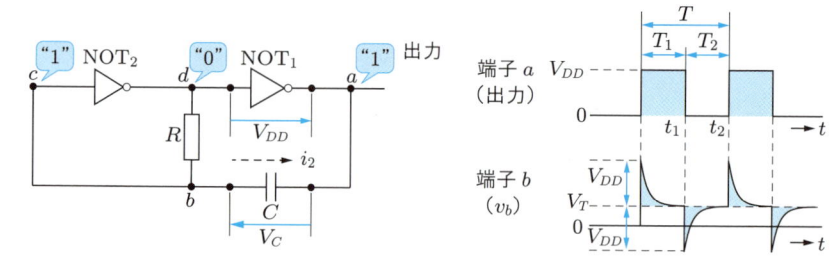

図 10.13　端子 $a =$ "1" となった直後の状態　　図 10.14　端子 a と端子 b の波形

ここで，端子 a から出力される方形波の周期 T について考えてみよう．RC 回路の t 秒後の出力電圧 v は，式 (10.11) のように計算できる．たとえば，定常値 $= 0$，初期値 $= E$ を式 (10.11) に代入すれば式 (10.8) が得られる．

$$v = 定常値 + (初期値 - 定常値)e^{-\frac{t}{RC}} \qquad (10.11)$$

図 10.14 に示した出力波形のパルス幅 T_1 の期間について考えると，端子 b の電圧 v_b

は初期値 $V_T + V_{DD}$ から，定常値 0 に向けて減少していくため，式 (10.12) のようになる．

$$v_b = (V_T + V_{DD})e^{-\frac{t}{RC}} \tag{10.12}$$

$t = T_1$ のときに，$v_b = V_T$ となるため，式 (10.12) は，式 (10.13) のように書ける．

$$V_T = (V_T + V_{DD})e^{-\frac{T_1}{RC}} \tag{10.13}$$

両辺の自然対数を考えれば，式 (10.14) のようになる．

$$\ln \frac{V_T}{V_T + V_{DD}} = -\frac{T_1}{RC} \tag{10.14}$$

式 (10.14) を変形すれば，T_1 は式 (10.15) のように計算できる．

$$T_1 = RC \ln \frac{V_T + V_{DD}}{V_T} \tag{10.15}$$

次に，図 10.14 に示した T_2 の期間について考えると，端子 b の電圧 v_b が初期値 $V_T - V_{DD}$ から，定常値 V_{DD} に向けて増加していくため，式 (10.16) のようになる．

$$v_b = V_{DD} + (V_T - 2V_{DD})e^{-\frac{t}{RC}} \tag{10.16}$$

$t = T_2$（ただし，$T_2 = t_2 - t_1$）のときに，$v_b = V_T$ となるため，式 (10.16) は，式 (10.17) のように書ける．

$$V_T = V_{DD} + (V_T - 2V_{DD})e^{-\frac{T_2}{RC}} \tag{10.17}$$

式 (10.17) について，両辺の自然対数を考えて変形すれば，式 (10.18) が得られる．

$$T_2 = RC \ln \frac{V_T - 2V_{DD}}{V_T - V_{DD}} \tag{10.18}$$

式 (10.15) と式 (10.18) から，非安定マルチバイブレータ回路から出力される方形波の周期 T を求める式 (10.19) が得られる．

$$T = T_1 + T_2 = RC \left(\ln \frac{V_{DD} + V_T}{V_T} + \ln \frac{V_T - 2V_{DD}}{V_T - V_{DD}} \right) \tag{10.19}$$

式 (10.19) において，たとえば $V_T = 0.5V_{DD}$ とすれば，周期 T は式 (10.20) のように計算できる．

$$T = RC(\ln 3 + \ln 3) \fallingdotseq 2.2RC \tag{10.20}$$

↳ 章末問題 10.3

10.2.2 単安定マルチバイブレータ回路

単安定マルチバイブレータ回路は，一つの安定状態をもつ回路である．この回路は，たとえば入力した方形波のネガティブエッジに反応して，1 個の方形波を出力する．図 10.15 に，NAND ゲートを用いた単安定マルチバイブレータ回路を示す．この回路の

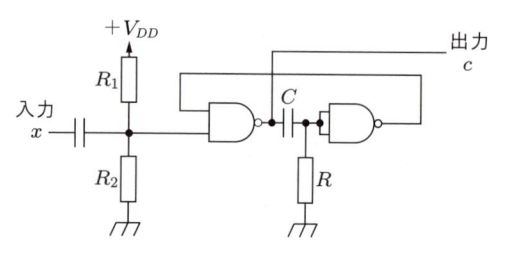

図 10.15　単安定マルチバイブレータ回路

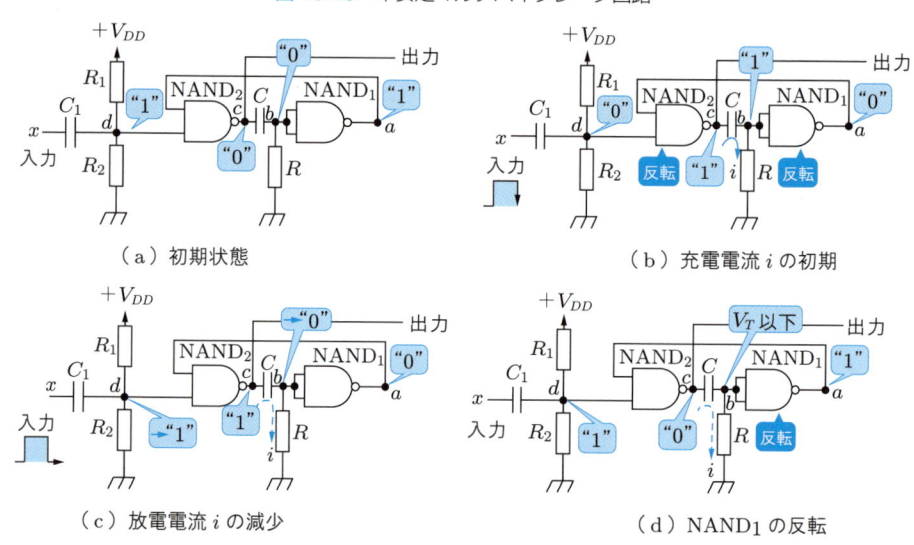

（a）初期状態

（b）充電電流 i の初期

（c）放電電流 i の減少

（d）NAND$_1$ の反転

図 10.16　単安定マルチバイブレータ回路の動作

動作を図 10.16 を用いて説明する．

■□単安定マルチバイブレータ回路の動作■□

動作1　図 (a) において，端子 d = "1" となるように抵抗 R_1，R_2 の値を設定しておく．このとき，抵抗 R によって接地されている端子 b = "0"，端子 a = "1" で安定している．この状態で，入力端子 x に方形波のポジティブエッジが入力されたとしても，回路の状態に変化はない．

動作2　上記 **1** の状態で，図 (b) のように入力端子 x に方形波のネガティブエッジが入力されれば，端子 d = "0" となり NAND$_2$ が反転し，端子 c = "1" となる．すると，コンデンサ C に充電電流 i が流れ NAND$_1$ も反転する．

動作3　図 (c) のように，コンデンサ C の充電が進行すると端子 b は "0" に向けて減少する．また，端子 d はもとの "1" に向けて増加する．

動作4　図 (d) のように，端子 b が NAND$_1$ のスレッショルド電圧 V_T 以下になると NAND$_1$ が反転し，図 (a) の状態に戻る．

10 章　パルス回路

単安定マルチバイブレータ回路が動作しているときの各端子の波形を観測すると，図 10.17 のようになる．端子 b の振幅は，スレッショルド電圧 V_T を基準に変化している．そして，端子 c は，端子 b に連動して "0" と "1" を切り替えている．

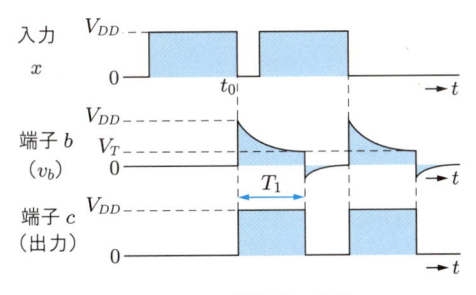

図 10.17 各端子の波形

ここで，端子 c から出力される方形波のパルス幅 T_1 について考えてみよう．非安定マルチバイブレータ回路と同様に，式 (10.11) を使って考える．図 10.17 の端子 b の電圧 v_b は，トリガパルスが入力された時間 t_0 で，初期値 V_{DD} （"1" の論理レベルとする）から定常値 0 に向けて減少する．これを式 (10.11) に代入すると，式 (10.21) が得られる．

$$v_b = V_{DD} e^{-\frac{t}{RC}} \tag{10.21}$$

$v_b = V_T$ となるまでの時間が T_1 であるから，式 (10.21) は，式 (10.22) のように書ける．

$$V_T = V_{DD} e^{-\frac{T_1}{RC}} \tag{10.22}$$

両辺の自然対数を考えれば，式 (10.23) のようになる．

$$\ln \frac{V_T}{V_{DD}} = -\frac{T_1}{RC} \tag{10.23}$$

式 (10.23) を変形すれば，単安定マルチバイブレータ回路から出力される方形波のパルス幅 T_1 を求める式 (10.24) が得られる．

$$T_1 = RC \ln \frac{V_{DD}}{V_T} \tag{10.24}$$

式 (10.24) において，たとえば $V_T = 0.5 V_{DD}$ とすれば，T_1 は式 (10.25) のように計算できる．

$$T_1 \fallingdotseq 0.69 RC \tag{10.25}$$

10.2.3 双安定マルチバイブレータ回路

双安定マルチバイブレータ回路は，二つの安定状態をもつ回路である．つまり，"0"

と "1" の内部状態のどちらでも安定するフリップフロップと同じであると考えられる．図 10.18 に，T フリップフロップを双安定マルチバイブレータ回路として考えた例を示す．この例では，入力したトリガパルス x のポジティブエッジで出力 y の値を反転し，その状態で安定する．

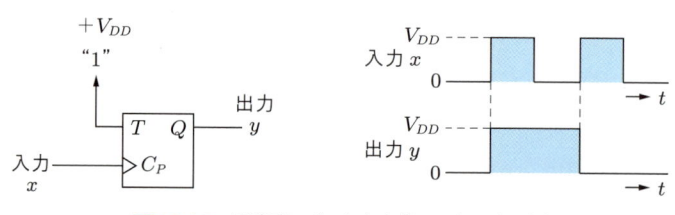

図 10.18 双安定マルチバイブレータ回路の例

↳ 章末問題 **10.4**

10.3 シュミット回路

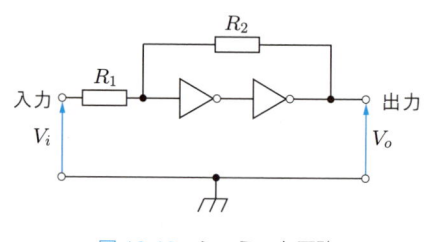

10.3.1 シュミット回路の原理

シュミット回路 (Schmidt circuit) は，二つのスレッショルド電圧で動作する論理回路である．図 10.19 に，基本的なシュミット回路を示す．この回路の動作を図 10.20 を用いて説明する．

図 10.19 シュミット回路

■□ **シュミット回路の動作** ■□

動作 1 図 (a) のように，入力電圧 $V_i =$ "0" のときは出力電圧 $V_o =$ "0" で安定している．

動作 2 図 (b) は，$V_i =$ "0" である場合の等価回路である．NOT$_1$ は "0" を出力しているので $V_o =$ "0" とし，NOT$_2$ は "1" を出力しているので電圧 V_{DD} ("1" の論理レベルとする) に置き換えてある．このときの端子 a の電圧 V_a は，式 (10.26) のように表すことができる．

$$V_a = \frac{R_2}{R_1 + R_2} V_i \tag{10.26}$$

この状態で，入力電圧 V_i を上昇させていく場合を考える．

動作 3 V_i の上昇によって，端子 a の電圧 V_a が NOT$_2$ のスレッショルド電圧 V_T 以上になると，図 (c) のように NOT$_2$ と NOT$_1$ が反転して安定する．$V_a = V_T$ のときの入

（a）$V_i =$ "0"

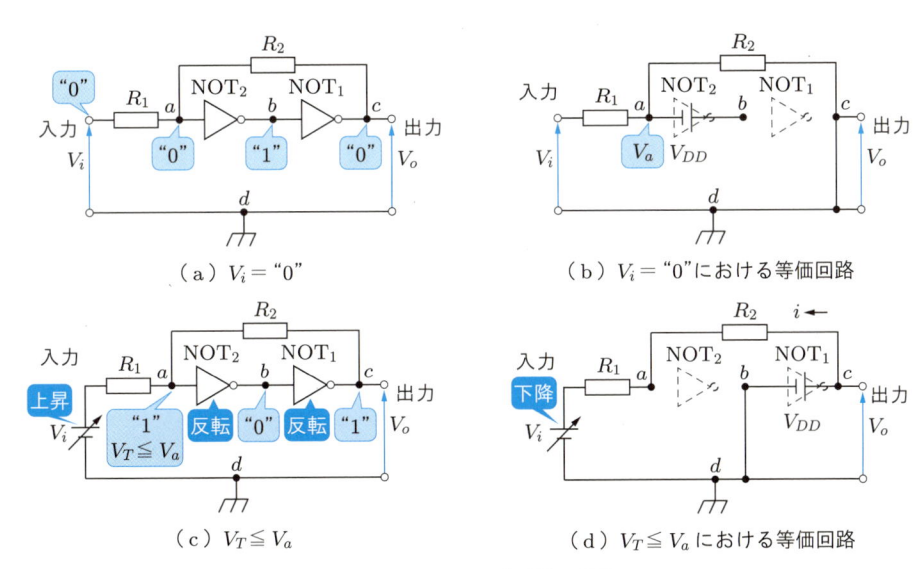

（b）$V_i =$ "0"における等価回路

（c）$V_T \leqq V_a$

（d）$V_T \leqq V_a$における等価回路

図 10.20　シュミット回路の動作

力 V_i を V_1 として式 (10.26) を書き直すと式 (10.27) のようになる．

$$V_T = \frac{R_2}{R_1 + R_2} V_1 \tag{10.27}$$

式 (10.27) を変形して，V_1 の式 (10.28) を得る．

$$V_1 = \frac{R_1 + R_2}{R_2} V_T \tag{10.28}$$

動作 4. 図 (d) の等価回路のように $V_a =$ "1" で安定している状態では，端子 $a =$ "1" なので，次に入力 V_i を下降させていく場合を考える．端子 $d \to b \to c \to a \to d$ にキルヒホッフの法則を適用すれば，式 (10.29) が得られる．

$$+V_{DD} - iR_2 - iR_1 - V_i = 0 \tag{10.29}$$

この式を変形すると，式 (10.30) のようになる．

$$V_{DD} - V_i = i(R_1 + R_2)$$
$$i = \frac{V_{DD} - V_i}{R_1 + R_2} \tag{10.30}$$

さらに，端子 a の電圧 V_a を求めるために，端子 $d \to b \to c \to a$ にキルヒホッフの法則を適用して式 (10.31) を得る．

$$V_a = V_{DD} - iR_2 \tag{10.31}$$

式 (10.31) に，式 (10.30) を代入すると，式 (10.32) のようになる．

$$V_a = V_{DD} - \frac{V_{DD} - V_i}{R_1 + R_2} R_2 \tag{10.32}$$

$V_a = V_T$ のときの入力 V_i を V_2 として式 (10.32) を書き直すと式 (10.33) のようになる．ここで，NOT_2 と NOT_1 が再び反転して安定する．

$$V_T = V_{DD} - \frac{V_{DD} - V_2}{R_1 + R_2} R_2 \tag{10.33}$$

式 (10.33) を変形して，V_2 の式 (10.34) を得る．

$$V_2 = V_{DD} - \frac{R_1 + R_2}{R_2}(V_{DD} - V_T) \tag{10.34}$$

以上から，シュミット回路において，入力電圧 v_i を上昇した場合に NOT$_1$ と NOT$_2$ が反転するスレッショルド電圧は V_1 であり，下降した場合のスレッショルド電圧は V_2 であることがわかる．図 10.21 は，この様子を示した例である．このような特性を，**ヒステリシス** (hysteresis) という．式 (10.28) と式 (10.34) において，たとえば，$R_1 = 2\,\mathrm{k\Omega}$, $R_2 = 4\,\mathrm{k\Omega}$, $V_{DD} = 5\,\mathrm{V}$, $V_T = 2.5\,\mathrm{V}$ とすれば，$V_1 = 3.75\,\mathrm{V}$, $V_2 = 1.25\,\mathrm{V}$ となる．

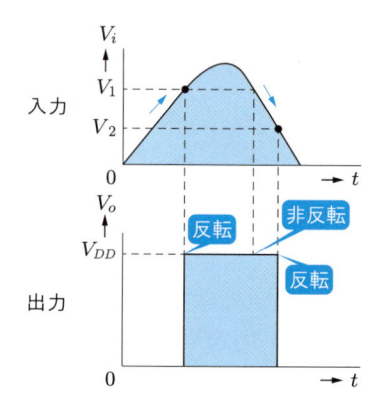

図 10.21　シュミット回路の動作例

74 シリーズでは，74AC19 などが，シュミットトリガ型の論理ゲートである．シュミットトリガ型ゲートの図記号は，図 10.22 に示すように，**ヒステリシスループ**を書き込む．

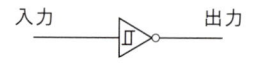

図 10.22　シュミットトリガ型 NOT ゲートの図記号

↳章末問題 **10.5**

10.3.2　ノイズ除去回路

パルスに**ノイズ**が加わり，回路が誤動作してしまうことがある．たとえば，機械式のスイッチを開閉する場合，接触面の微細な凹凸によってノイズを生じる．この現象を**チャタリング** (chattering) という．図 10.23 は，トグルスイッチの外観例と，チャタリングの観測例である．図 (b) では，約 $1\,\mathrm{ms}$ に渡ってノイズを生じていることが確認できる．

　　　　　（a）トグルスイッチ 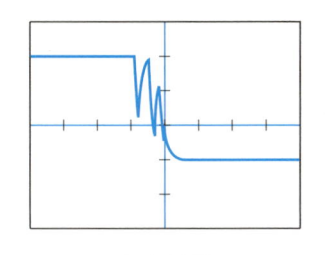　　　　　　　　（b）波形

　　　　　図 10.23　チャタリングの例 (20 mV/div, 1 ms/div)

　図 10.24 は，チャタリングなどのノイズが生じた波形を通常のバッファゲートに入力した場合の出力波形を示している．ノイズの影響により，入力波形がバッファゲートのスレッショルド電圧 V_T を複数回交差している．このため，本来は 1 個の方形波を入力したにもかかわらず，出力には 3 個の方形波が現れている．たとえば，この出力をカウンタに入力すれば，誤動作を生じてしまう．

　一方，図 10.25 は，図 10.24 と同じ入力波形をシュミットトリガ型のバッファゲートに入力した場合の出力波形を示している．シュミットトリガ型のゲートは，スレッショルド電圧が二つあるため，図 10.25 の例ではノイズが出力パルスの個数に影響していない．このように，シュミットトリガ型ゲートは，ノイズ除去に効果がある．ただし，効果があるのは，ノイズの振幅が二つのスレッショルド電圧の範囲に収まっている場合だけである．

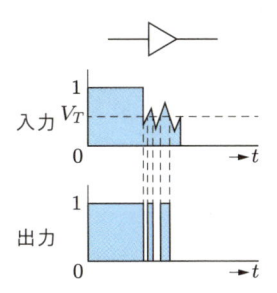

　　図 10.24　通常のバッファゲート　　図 10.25　シュミットトリガ型の
　　　　　　　の入出力波形　　　　　　　　　　　　バッファゲートの入出力波形

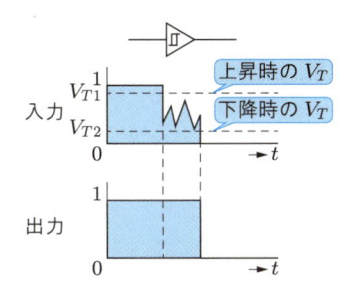

↪ 章末問題 10.6

　図 10.26 に示すように，RC 回路とシュミットトリガ型ゲートを組み合わせて使用すれば，より効果的にノイズを除去できる．機械式スイッチ SW が開いている際には，コンデンサ C が充電されている．このため，SW を閉じた際は，しばらくの間 C が放電する．この放電期間に SW で生じるノイズを吸収することができる．C の放電が

終了した時点で，端子 b は "0" になる．一般的には，$R_1 = R_2 = 5\,\text{k}\Omega$，$C = 5\,\mu\text{F}$ 程度で回路を構成すればよい．ただし，この回路では，電源を投入した直後に流れるコンデンサ C の過渡電流により，端子 b が一瞬 "0" になり，端子 a も "0" となることに注意する必要がある．

この他，図 10.27 に示すように RS フリップフロップを用いて，スイッチ SW のチャタリングによるノイズを除去することもできる．この回路では，SW にチャタリングが生じても，RS フリップフロップの保持機能によって，ノイズの影響が出力に現れない．R_1，R_2 は，プルダウン抵抗である．

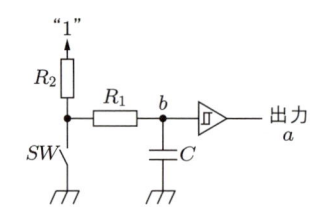

図 10.26　効果的なノイズ除去回路 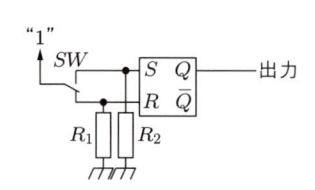　　図 10.27　RS フリップフロップによるノイズ除去回路

10.4　波形整形回路

波形整形回路は，入力パルスを変形する働きをする．ここでは，簡単な波形整形回路について学ぶ．

10.4.1　スライサ回路

図 10.28 は，ダイオードの順方向電圧を利用して，パルスの振幅を制限する**スライサ (slicer) 回路**である．ダイオードの極性を逆にすれば，負の振幅を制限することができる．

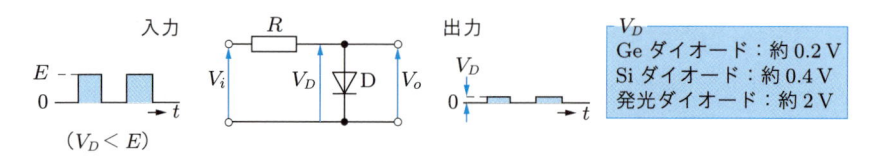

図 10.28　スライサ回路

10.4.2　クリッパ回路

図 10.29 は，ダイオードと電源を組み合わせて使用し，パルスの振幅を任意の値に制限する**クリッパ (clipper) 回路**である．ダイオードと電源の極性を逆にすれば，負の

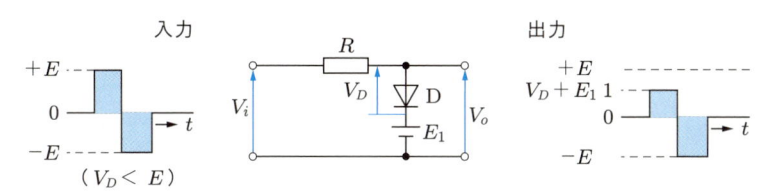

図 10.29　クリッパ回路

振幅を制限することができる．

↳ 章末問題 10.7

10.4.3　クランパ回路

図 10.30 は，ダイオードとコンデンサを組み合わせて使用し，正のパルスを負にする**クランパ** (clamper) **回路**である．ダイオードの極性を逆にすれば，負のパルスを正に変換できる．

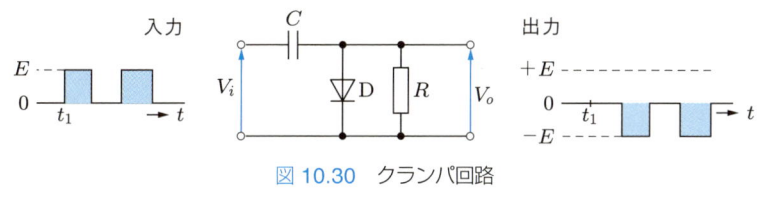

図 10.30　クランパ回路

■ 章末問題 10

10.1 図 10.3 の RC 微分回路の $R = 100\,\mathrm{k\Omega}$，$C = 10\,\mathrm{\mu F}$，入力電圧 $E = 9\,\mathrm{V}$ とする．スイッチ SW を閉じた後の出力電圧 v_R を 0〜5 秒後まで 1 秒毎に計算しなさい．

10.2 RC 積分回路において，直線性のよい出力波形を取り出すにはどのようにすればよいか，またその際の問題点について答えなさい．

10.3 図 10.31 に示す非安定マルチバイブレータ回路における抵抗 R_2 の働きについて説明しなさい．また，発振周波数 f を計算しなさい．

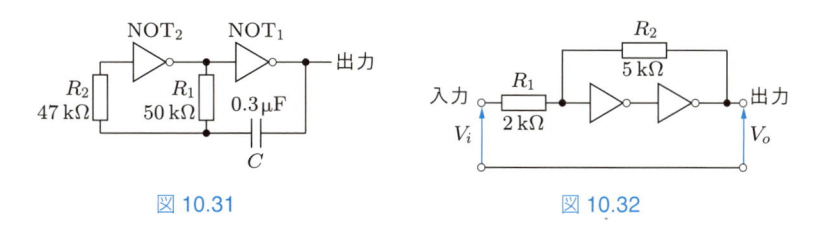

図 10.31　　　　　　図 10.32

10.4 本書で学んだ 3 種類のマルチバイブレータ回路について，それぞれのもつ安定状態数を答えなさい．

10.5 図 10.32 に示すシュミット回路について，二つのスレッショルド電圧 V_1 と V_2 を計算しなさい．ただし，$V_{DD} = 5\,\mathrm{V}$，$V_T = 2.5\,\mathrm{V}$ とする．

10.6 図 10.33 に示す入力波形をシュミットトリガ型バッファゲートに入力した場合の出力波形を描きなさい．ただし，V_{T1} は電圧上昇時，V_{T2} は電圧下降時のスレッショルド電圧である．

10.7 図 10.34 に示す波形整形回路の動作について説明しなさい．

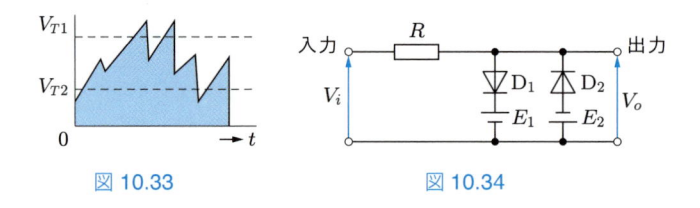

図 10.33

図 10.34

11章 アナログ−ディジタル変換

私たちが，日常で接している温度や湿度，音などは，振幅が連続的に変化するために，アナログ信号と捉えることができる．このため，論理回路でこれらのデータ処理を行う場合は，アナログ信号をディジタル信号に変換する **A-D 変換器** (analog-digital converter)，またディジタル信号をアナログ信号に変換する **D-A 変換器** (digital-analog converter) が必要となる．この章では，これらの変換回路について学ぼう．

11.1 D-A 変換器

11.1.1 電流加算型 D-A 変換器

図 11.1 に，4 ビットのディジタル信号をアナログ信号に変換する**電流加算型 D-A 変換器**を示す．抵抗 R は無視できるほど小さい値であるとし，スイッチと直列に接続した抵抗 $R_1 \sim R_3$ は R_0 に対してそれぞれ，1/2, 1/4, 1/8 倍の値に設定してある．これらの $R_0 \sim R_3$ を**加重抵抗**とよぶ．

スイッチ 1 個を閉じたときに流れる各電流は，式 (11.1) のようになる．

$$\left.\begin{aligned} SW_0: \quad & I_0 = \frac{V}{R_0} = \frac{5}{5 \times 10^3} = 1\,\mathrm{mA} \\ SW_1: \quad & I_1 = \frac{V}{\frac{1}{2}R_0} = \frac{5 \times 2}{5 \times 10^3} = 2\,\mathrm{mA} \\ SW_2: \quad & I_2 = \frac{V}{\frac{1}{4}R_0} = \frac{5 \times 4}{5 \times 10^3} = 4\,\mathrm{mA} \\ SW_3: \quad & I_3 = \frac{V}{\frac{1}{8}R_0} = \frac{5 \times 8}{5 \times 10^3} = 8\,\mathrm{mA} \end{aligned}\right\} \quad (11.1)$$

抵抗 R に流れる電流 I は，電流 $I_0 \sim I_3$ の和となるから，たとえば，ディジタル信号 "1011" を各スイッチの ON/OFF に対応させて設定すれば図 11.2 に示すように，抵抗 R には $I = 11\,\mathrm{mA}$ の電流が流れる．このとき，R の端子電圧を取り出せば，4 ビットのディジタル信号に対応したアナログ電圧出力 V_o を得ることができる．

しかし，抵抗 R の値を小さくすれば，出力 V_o も小さくなってしまう．また，R を大きくすれば，スイッチ操作による電流 I が式 (11.1) の和として得られなくなる．このため，図 11.3 に示すように，出力側にオペアンプ OP による反転増幅回路を接続する．これにより，端子 a をグラウンドに仮想的に短絡（**仮想短絡**：virtual short）し

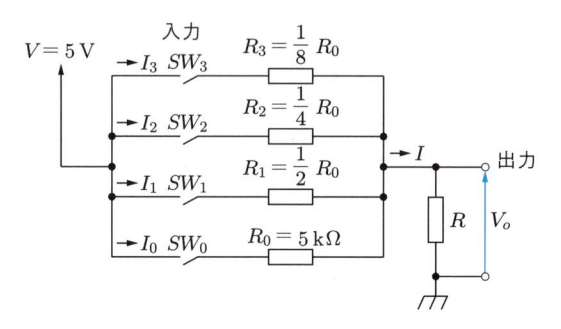

図 11.1　電流加算型 D-A 変換器

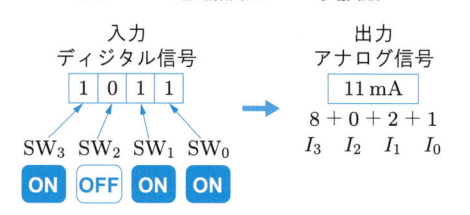

図 11.2　D-A 変換の例

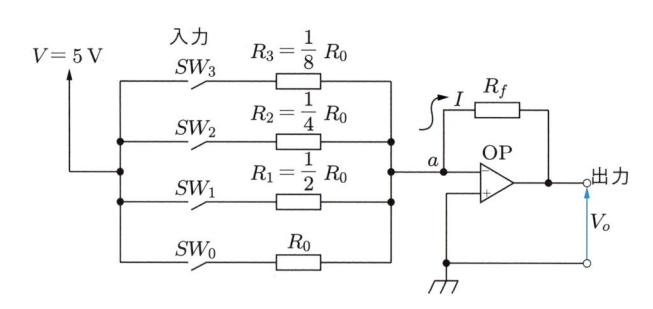

図 11.3　電流加算型 D-A 変換器

ながら，大きな出力 V_o を得ることができる（p.140，コラム 3）．

実際の電流加算型 D-A 変換器では，各スイッチにトランジスタなどの半導体を用いる．この D-A 変換器は，簡単な回路で実現できるが，精度の高い多種類の抵抗が必要となる．

↳ 章末問題 **11.1**

11.1.2　はしご型 D-A 変換器

図 11.4 に，3 ビットのディジタル信号をアナログ信号に変換する，**はしご型 D-A 変換器**を示す．端子 a と b はオペアンプ OP によって仮想短絡していると考えてよい（p.140，コラム 3）．

この変換器において，たとえば，ディジタル信号 "001" を各スイッチ（SW_2, SW_1, SW_0）の ON/OFF に対応させて設定すれば，等価回路は図 11.5(a) に示すようになる．

130　　11 章　アナログ–ディジタル変換

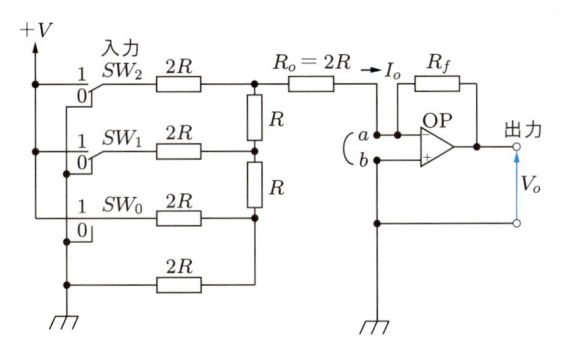

図 11.4　はしご型 D-A 変換器

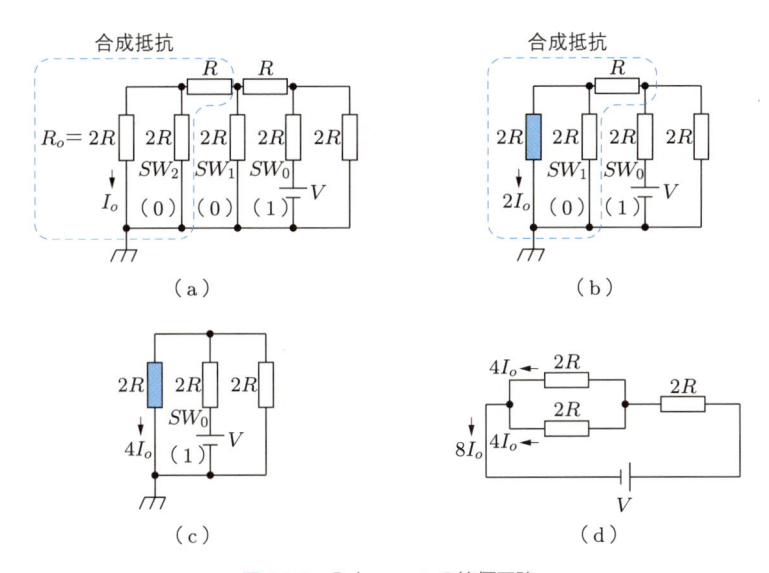

図 11.5　入力 "001" の等価回路

　図 (a) の等価回路について，合成抵抗を求めて回路を簡単にしていくと，図 (b), (c) のようになる．そして，図 (c) を変形した図 (d) から，出力抵抗 R_o に流れる電流 I_o は，式 (11.2) のようになる．

$$8I_o = \frac{V}{3R}$$
$$I_o = \frac{V}{24R} \tag{11.2}$$

　また，ディジタル信号 "010" を各スイッチ (SW_2, SW_1, SW_0) の ON/OFF に対応させて設定すれば，等価回路は図 11.6(a) に示すようになる．

　図 (a) の等価回路について，合成抵抗を求めて回路を簡単にしていくと，図 (b), (c)

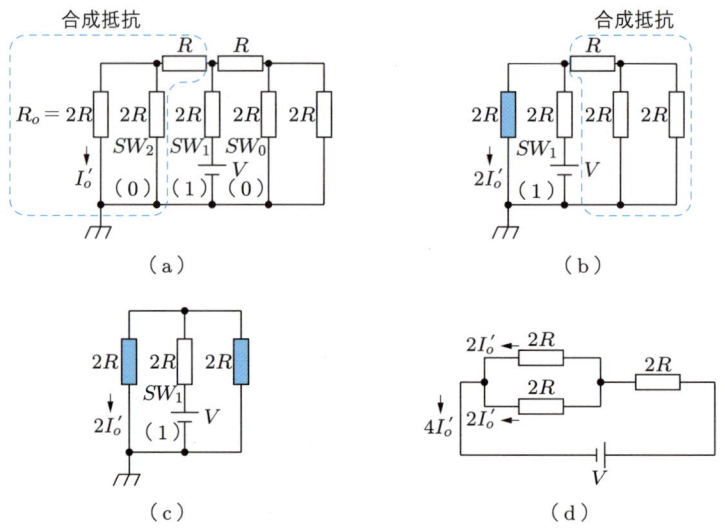

図 11.6　入力 "010" の等価回路

のようになる．そして，図 (c) を変形した図 (d) から，出力抵抗 R_o に流れる電流 I_o' は，式 (11.3) のようになる．

$$4I_o' = \frac{V}{3R}$$
$$I_o' = \frac{V}{12R} \tag{11.3}$$

式 (11.2) と式 (11.3) から，式 (11.4) の関係が得られる．

$$I_o' = 2I_o \tag{11.4}$$

同様に考えれば，スイッチを設定した場合の出力電流は，表 11.1 のように計算できる．表 11.1 から，3 ビットのディジタル信号に対応したアナログ電流 I が得られていることがわかる．この D-A 変換器は，値が R と $2R$ の 2 種類の抵抗によって構成できる．

↳ 章末問題 **11.2**

11.1.3　抵抗分圧型 D-A 変換器

図 11.7 に，2 ビットのディジタル信号をアナログ信号に変換する**抵抗分圧型 D-A 変換器**を示す．この変換器では，入力するディジタル信号 D_1, D_0 を表 11.2 に示すようにデコードする．

この回路において，たとえば，ディジタル信号 "10" をアナログ信号に変換する場合は，表 11.2 を参照して各スイッチの ON/OFF を "0100" に対応させて設定する．このときの等価回路は図 11.8 に示すようになる．

この例では，4V の電圧が 2 : 2 に分圧されているので，出力のアナログ電圧 $V_o = 2$ V

表 11.1 はしご型 D-A 変換器の入出力

入力			出力
ディジタル			アナログ
SW_2	SW_1	SW_0	I [A]
0	0	0	0
0	0	1	I_o
0	1	0	$2I_o$
0	1	1	$3I_o$
1	0	0	$4I_o$
1	0	1	$5I_o$
1	1	0	$6I_o$
1	1	1	$7I_o$

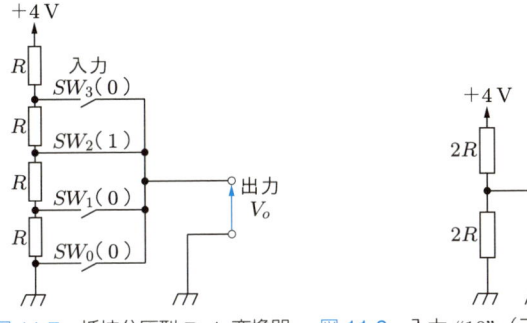

図 11.7 抵抗分圧型 D-A 変換器　図 11.8 入力 "10"（デコーダ "0100"）の等価回路

表 11.2 抵抗分圧型 D-A 変換器の入出力

ディジタル						アナログ
入力		デコード結果				出力
D_1	D_0	SW_3	SW_2	SW_1	SW_0	V_o [V]
0	0	0	0	0	1	0
0	1	0	0	1	0	1
1	0	0	1	0	0	2
1	1	1	0	0	0	3

となる．抵抗分圧型 D-A 変換器は，デコーダが必要なため回路がやや複雑になるが，精度のよい D-A 変換ができる．

↳ 章末問題 11.3

11.2　A-D 変換器

11.2.1　A-D 変換の基礎

A-D 変換は，図 11.9 に示す流れで実行される．それぞれの処理の概要は以下のとおりである．

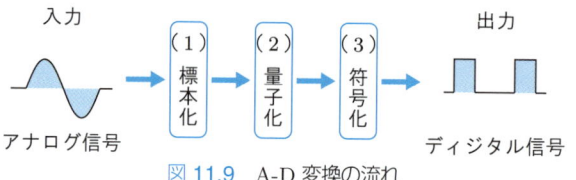

図 11.9　A-D 変換の流れ

(1) 標本化 (sampling)

　標本化は，入力されたアナログ波の振幅を，ある**標本化時間** Δt の間隔で抽出する処理である．標本化によって，たとえば図 11.10 のような**パルス振幅変調** (**PAM**: pulse amplitude modulation) 波が得られる．

　計測間隔 Δt が短いほど，もとのアナログ信号の情報を多く含んだ PAM 波が得られる．たとえば，図 11.10 と同じアナログ波に対して，2 倍の Δt で標本化を行うと，図 11.11 のような方形波にみえてしまう PAM 波が得られる．

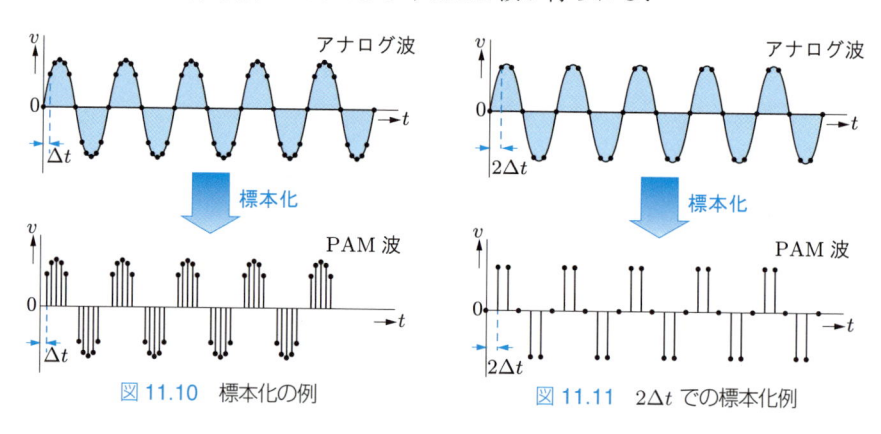

図 11.10　標本化の例

図 11.11　$2\Delta t$ での標本化例

　さらに，12 倍の Δt で標本化を行うと，図 11.12 のように大きな周期をもつ正弦波の正の部分にみえてしまう PAM 波が得られる．このように，Δt を長くすることによって，もととは異なる波形が得られてしまう現象を**エイリアシング** (aliasing) という．

　標本化時間を定めるのに有効なのが，1949 年にシャノンと染谷がそれぞれ独自に証明した**標本化定理** (sampling theorem) である．標本化定理によると，信号が含んでいる最大周波数の 2 倍以上の周波数で標本化を行えば，もとの信号を完全に再現できる（式 (11.5)）．標本化に用いる周波数を**標本化周波数**という．周期は周波数の逆数であるから，標本化定理によって標本化時間の周期を決めることができる．

$$2f_{\max} \leqq f_s \tag{11.5}$$

$$\begin{cases} f_{\max} : 最大周波数 \\ f_s : 標本化周波数 \end{cases}$$

たとえば，人の**可聴周波数**は 20 Hz〜20 kHz であるから，ディジタル音響機器の A-D 変換に 40 kHz 以上の標本化周波数を用いれば，もとのアナログ信号を完全に再現できる．つまり，1 秒間に 40,000 回以上の標本化を行えばよい．多くのディジタル音響機器で 44.1 kHz の標本化周波数が採用されているのは，このためである．

(2) **量子化** (quantization)

量子化は，標本化によって得られた PAM 波の振幅を適切な値で表す処理である．たとえば，図 11.13 に示すように，四捨五入を用いて振幅値を近似する方法などがある．

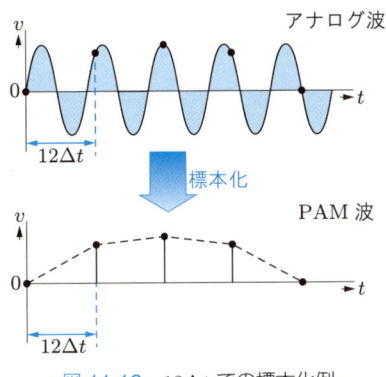

図 11.12　$12\Delta t$ での標本化例

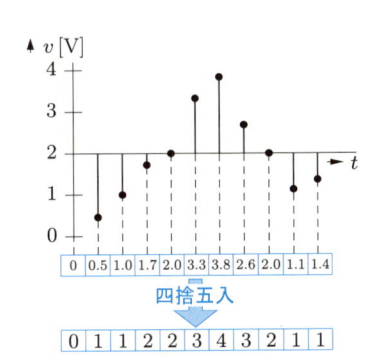

図 11.13　四捨五入による量子化の例

量子化において，もとの情報を正確に保持しようとすれば，多くのビット数を使った処置が必要になる．しかし，現実にはある有限のビット数しか使用できないため，必ず誤差を生じてしまう．この誤差を**量子化誤差** (quantization error) という．

(3) **符号化** (coding)

符号化は，量子化で得られた振幅の近似値をディジタル信号に変換する処理である．図 11.13 に示した量子化の例では，図 11.14 のように符号化を行う．　↳章末問題 11.4

A-D 変換において，変換中は対象とするアナログ信号の値を一定に保持しておく必要がある．このために**サンプル・ホールド** (sample hold) 回路が用いられる．図 11.15 に，サンプル・ホールド回路を示す．この回路は，コンデンサ C の充放電を利用して，

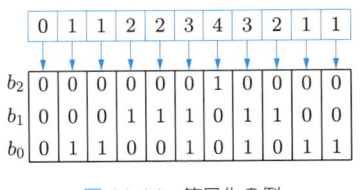

図 11.14　符号化の例

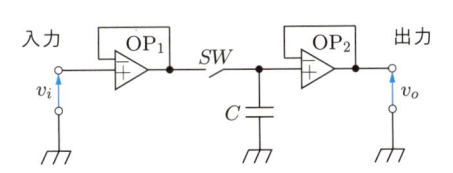

図 11.15　サンプル・ホールド回路

SW をオンにしたときのアナログ入力電圧 v_i を一定時間保持する働きをする．二つのオペアンプは，増幅度 1 の**バッファ**（**緩衝増幅器**）として動作する．

図 11.16 に，サンプル・ホールド回路の動作例を示す．時間 t_a で短いサンプル時間 t_s の間スイッチ SW をオンにすればコンデンサ C が入力電圧 v_a で充電される．その後，SW をオフにすれば，C が放電し，ホールド時間 t_h の間，出力電圧 v_o は v_a に保たれる．このため，A-D 変換の処理を変換時間 t_t 以内に行えばよい．実際のスイッチ操作は，電子的に行われる．

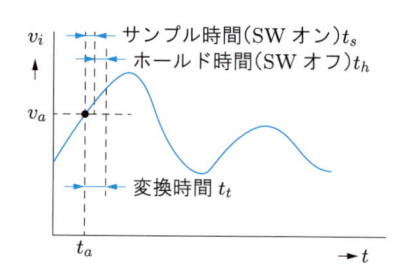

図 11.16　サンプル・ホールド回路の動作例

↳章末問題 11.5

11.2.2　二重積分型 A-D 変換器

図 11.17 に**二重積分型 A-D 変換器**，図 11.18 に動作例を示す．この回路は，オペアンプ OP を用いた**ミラー積分回路**（p.116）を使用している．これらの図をみながら，回路の動作を考えてみよう．

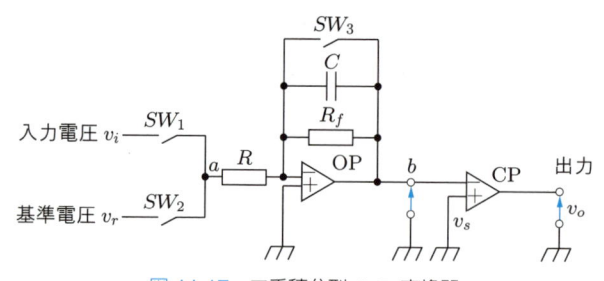

図 11.17　二重積分型 A-D 変換器

■□二重積分型 A-D 変換器の動作■□

- **動作 1**　SW_3 のみをオンにして，コンデンサ C を放電させる．このときの，端子 a, b の電位は 0 である．
- **動作 2**　SW_1 のみをオンにして，回路に正のアナログ入力電圧 v_i を加える．
- **動作 3**　ミラー積分回路によって，v_i を積分した値が端子 b の電位として現れる．この値が負になっているのは，オペアンプが反転増幅回路として動作しているためである（p.140，コラム 3 参照）．

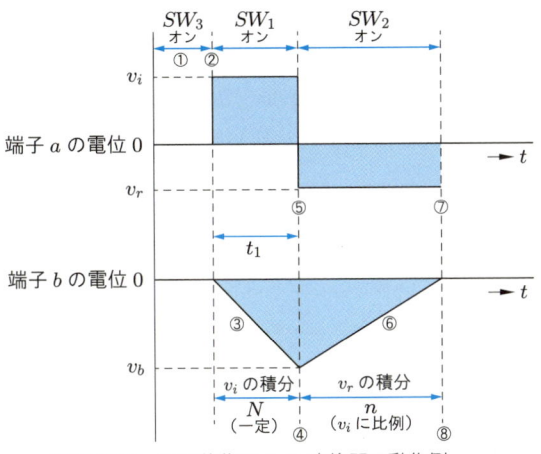

図 11.18 二重積分型 A-D 変換器の動作例

動作 4 上記 **2** で SW_1 をオンにしたときから，他に用意してあるカウンタ回路によって，一定数 N 個の方形波のパルスをカウントする．そして，t_1 時間が経過したときの端子 b の電位を v_b とすれば，v_b は，式 (11.6) のように定まる．ただし，オペアンプの増幅度を適切に設定するために挿入している抵抗 R_f は無視している．

$$v_b = -\frac{Q}{C} = -\frac{1}{C}\int_0^{t_1} i_R dt = -\frac{1}{C}\int_0^{t_1} \frac{v_i}{R} dt = -v_i \frac{t_1}{RC} \quad (11.6)$$

また，パルスの周期が T であれば，式 (11.6) は式 (11.7) のようになる．

$$v_b = -v_i \frac{NT}{RC} \quad (11.7)$$

動作 5 SW_2 のみをオンにして，回路に負の基準電圧 v_r を加える．

動作 6 v_r は負なので，コンデンサ C の放電により，v_b の電位は 0 に向けて増加する．

動作 7 **コンパレータ** (CP: comparator) によって，v_b の電位が参照電圧 $v_s = 0$ 以上になれば，出力電圧 $v_o = 0$ となる．これによって，$v_b = 0$ になるのを検出できる．

動作 8 上記 **5** で SW_2 をオンにしてから，$v_b = 0$ になるまでのパルス数 n を計測する．このとき，式 (11.8) が成立する．

$$0 = v_b - v_r \frac{nT}{RC} \quad (11.8)$$

式 (11.7) と式 (11.8) から，式 (11.9) が得られる．

$$v_i \frac{NT}{RC} = -v_r \frac{nT}{RC} \quad \text{より，} \quad n = -\frac{v_i}{v_r} N \quad (11.9)$$

式 (11.9) において，負の基準電圧 v_r とパルス数 N は一定である．つまり，アナログ信号電圧 v_i に比例したパルス数（ディジタル信号）n が得られる．この回路は，上記 **3** と **6** の 2 回の積分処理を行うために，二重積分型とよばれる．二重積分型 A-D 変換器は，簡単な回路で精度よい変換が行えるが，変換時間が長くなる．

↳ 章末問題 **11.6**

11.2.3 逐次比較型 A-D 変換器

図 11.19 に，**逐次比較型 A-D 変換器**の構成例，図 11.20 に動作例を示す．この変換器には，前に学んだ D-A 変換器を使用している．ここでは，アナログ信号電圧を 3 ビットのディジタル信号に変換する例で動作原理を説明する．

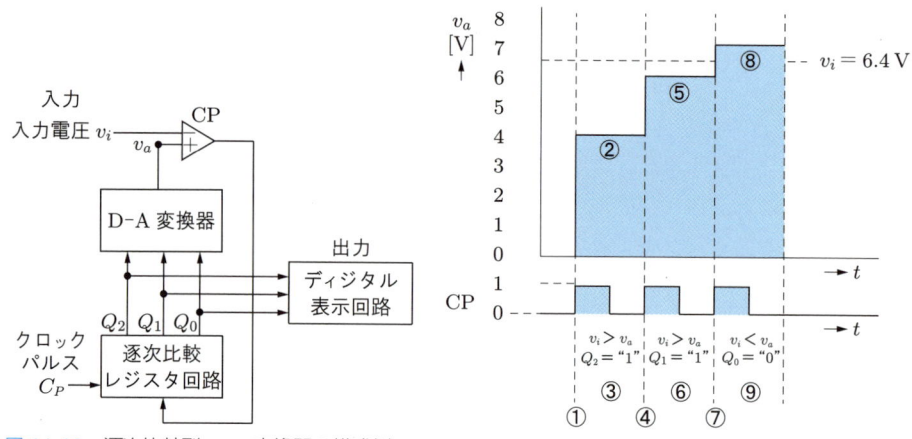

図 11.19　逐次比較型 A-D 変換器の構成例

図 11.20　逐次比較型 A-D 変換器の動作例

■□ 逐次比較型 A-D 変換器の動作 ■□

例として，アナログ信号入力 v_i が 6.4 V である場合を考える．

- **動作 1**　逐次比較レジスタ回路は，クロックパルス C_P に同期して $Q_2Q_1Q_0 =$ "100" を出力する．
- **動作 2**　D-A 変換器は，入力された "100" に対応するアナログ信号 $v_a = 4$ V を出力する．
- **動作 3**　コンパレータ CP は，v_i と v_a を比較し，$v_i \geq v_a$ なら $Q_2 =$ "1"，$v_i < v_a$ なら $Q_2 =$ "0" と決定する．この例では，6.4 > 4 なので $Q_2 =$ "1" が決定する．
- **動作 4**　逐次比較レジスタ回路は，次のクロックパルス C_P に同期して $Q_1 =$ "1" を出力する．ここで Q_2 は上記 **3** で "1" と決まっており，$Q_0 =$ "0" として，$Q_2Q_1Q_0 =$ "110" が出力される．
- **動作 5**　D-A 変換器は，入力された "110" に対応するアナログ信号 $v_a = 6$ V を出力する．
- **動作 6**　コンパレータ CP は，v_i と v_a を比較し，$v_i \geq v_a$ なら $Q_1 =$ "1"，$v_i < v_a$ なら $Q_1 =$ "0" と決定する．この例では，6.4 > 6 なので $Q_1 =$ "1" が決定する．
- **動作 7**　逐次比較レジスタ回路は，次のクロックパルス C_P に同期して $Q_0 =$ "1" を出力する．ここで Q_2 と Q_1 は前に "1" と決まっているため，$Q_2Q_1Q_0 =$ "111" が出力される．
- **動作 8**　D-A 変換器は，入力された "111" に対応するアナログ信号 $v_a = 7$ V を出力する．
- **動作 9**　コンパレータ CP は，v_i と v_a を比較し，$v_i \geq v_a$ なら $Q_0 =$ "1"，$v_i < v_a$ なら $Q_0 =$ "0" と決定する．この例では，6.4 < 7 なので $Q_0 =$ "0" が決定する．

以上のようにして，アナログ入力電圧 $v_i = 6.4\,\mathrm{V}$ が，ディジタル出力 "110" に変換された．逐次比較型 A-D 変換器は，二重積分型よりも高速に動作するが，誤差が大きい．

↳ 章末問題 **11.7**

11.2.4　並列比較型 A-D 変換器

図 11.21 に，**並列比較型 A-D 変換器**の構成例を示す．これは，基準電圧 $v_r = 8\,\mathrm{V}$ として，アナログ入力電圧 v_i を 3 ビットのディジタル信号として出力する例である．

基準電圧 v_r は，8 個の抵抗 R によって分圧されており，各抵抗 R の端子電圧は $1\,\mathrm{V}$ になっている．いま，アナログ入力電圧 $v_i = 4.8\,\mathrm{V}$ を加えた場合を考えよう．コンパレータ $\mathrm{CP}_0 \sim \mathrm{CP}_6$ は，入力電圧 v_i と各端子の電位 $v_1 \sim v_7$ を比較して，$v_i \geqq v_n$（n は $1 \sim 7$）ならば "1"，$v_i < v_n$ ならば "0" を出力する．これらの出力は，エンコーダ（p.58 参照）によって，対応するディジタル出力に変換される．並列比較型 A-D 変換器は，高速な変換が行えるため**フラッシュ** (flash) **A-D 変換器**ともよばれるが，多くのコンパレータが必要となる．

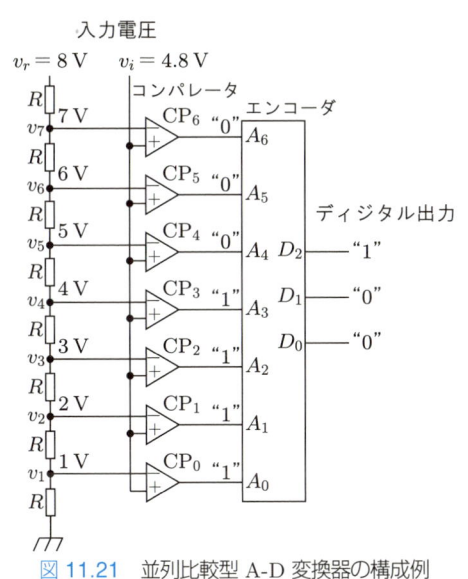

↳ 章末問題 **11.8**，**11.9**

図 11.21　並列比較型 A-D 変換器の構成例

■ 章末問題 11

11.1 p.130 の図 11.3 に示した電流加算型 D-A 変換器において，ディジタル入力信号 $SW_3 SW_2 SW_1 SW_0 =$ "0110" としたときのアナログ出力電流 I を答えなさい．

11.2 p.131 の図 11.4 に示したはしご型 D-A 変換器において，ディジタル入力信号 $SW_2 SW_1 SW_0 =$ "001" としたときのアナログ出力電流を I_o，$SW_2 SW_1 SW_0 =$ "110" のときのアナログ出力電流 I'_o とする．I'_o と I_o の関係を導出しなさい．

11.3 電流加算型，はしご型，抵抗分圧型の D-A 変換器それぞれについての特徴を述べなさい．

11.4 A-D 変換に関する次の用語について簡単に説明しなさい．
（1）エイリアシング　　（2）標本化定理　　（3）量子化誤差

11.5 A-D 変換において，サンプル・ホールド回路について，以下の問に答えなさい．
（1）役割を説明しなさい．
（2）サンプル時間 t_s に要求される条件を説明しなさい．

11.6 p.136 の図 11.17 に示した二重積分型 A-D 変換器において，積分回路の $\tau = CR$ を変えた場合，p.137 の図 11.18 の動作はどのように変化するか考察しなさい．

11.7 p.138 の図 11.19 に示した逐次比較型 A-D 変換器において，アナログ入力電圧 $v_i = 3.8\,\mathrm{V}$ としたときのディジタル出力を答えなさい．

11.8 p.139 の図 11.21 に示した並列比較型 A-D 変換器について，以下の問に答えなさい．
（1）エンコーダの真理値表を書きなさい．
（2）アナログ入力電圧 $v_i = 3.2\,\mathrm{V}$ としたときのディジタル出力を答えなさい．

11.9 二重積分型，逐次比較型，並列比較型の D-A 変換器それぞれについての特徴を述べなさい．

■ コラム 3：オペアンプ

オペアンプ (operational amplifier) は，演算増幅器ともよばれる高性能なアナログ IC である．図 11.22 に，オペアンプを用いた反転増幅回路を示す．

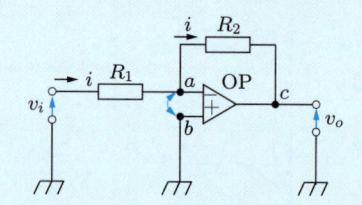

図 11.22 オペアンプを用いた反転増幅回路

この回路は，次のように動作する．

■□ オペアンプを用いた反転増幅回路の動作 ■□

動作 1 入力電圧 v_i は，オペアンプの反転入力 ($-$) 端子 a に接続されているため，v_i が正ならオペアンプの出力端子 c の電位が負となる．

動作 2 端子 c は，抵抗 R_2 によって端子 a にフィードバック接続されているため，端子 a の電位が低下していく．

動作 3 端子 a がグラウンド電位 "0" より低くなれば，端子 c の電位は正に変わる．このため，先ほどとは逆に端子 a の電位が上昇していく．

動作 4 端子 a がグラウンド電位 "0" より高くなれば，端子 c の電位は負に変わる．

以上の動作は，一瞬で繰り返されるため，端子 a はグラウンド電位 "0" と等しくなって安定する．つまり，端子 a と端子 b は同じ電位になる．このため，オペアンプは，入

力インピーダンスが非常に大きいにもかかわらず，端子 a と端子 b がショートしているとみなせる．これを**仮想短絡（バーチャルショート**）という．バーチャルショートを考慮すれば，電流 i は式 (11.10) で表される．また，オペアンプの入力インピーダンスは非常に大きいので，電流 i はそのまま抵抗 R_2 に流れるため式 (11.11) が得られる．

$$i = \frac{v_i}{R_1} \tag{11.10}$$

$$v_o = 0 - i \cdot R_2 \tag{11.11}$$

式 (11.10) を式 (11.11) に代入すれば，式 (11.12) のようになる．これにより，反転増幅回路の増幅度 A_{vf} は，式 (11.13) のように二つの抵抗比のみで設定できる．

$$v_o = -\frac{R_2}{R_1} v_i \tag{11.12}$$

$$A_{vf} = \frac{v_o}{v_i} = -\frac{R_2}{R_1} \tag{11.13}$$

12章 プログラマブルロジックデバイス

これまで，真理値表，カルノー図，状態遷移表などを用いた設計について学習した．これらは，論理回路設計の基礎として重要な事柄である．一方，近年では，規模の大きい論理回路を**プログラマブルロジックデバイス**（**PLD**: programmable logic device）で実現することが多くなっている．この章では，PLDを用いた設計手順などについて学ぼう．

12.1 PLDの基礎

12.1.1 論理回路の構成法

例として，電子サイコロの構成法について考えよう．論理回路によって電子サイコロを実現するには，以下のような方法が考えられる．

(1) **汎用ロジックICを使用する**

p.101のコラムで紹介したように，汎用ロジックICを用いて論理回路を構成する方法である（図12.1）．回路は，ハードウェアだけで構成される．小規模な回路であれば容易に製作できるが，規模の大きい回路ほど部品数が多くなる傾向があり，回路を変更した場合の対応が困難である．

(2) **マイクロコンピュータを使用する**

マイクロコンピュータを用いて，サイコロの目を表示させるプログラムを動作させる方法である（図12.2）．**CPU**（ハードウェア）の上でプログラム（ソフトウェア）が動作する．プログラムを書き直すことで，動作を容易に変更できる．ソフトウェアが動作するため，処理速度は速くない．

図12.1　汎用ロジックICを用いた電子サイコロ

図12.2　マイクロコンピュータ (PIC16F84A) を用いた電子サイコロ

(3) **専用ICを使用する**

IC製造メーカに発注して，図12.3の論理回路部分を専用IC (**ASIC**: application specific IC) として製作する方法である．回路は，ハードウェアだけで構成される．納

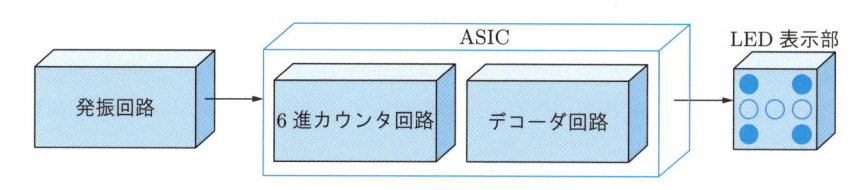

図 12.3 ASIC を用いた電子サイコロ

期まで日数がかかるが，大量生産すればコストは下がる．回路変更時には，新たに作り直す必要がある．

(4) **PLD** を使用する

プログラム可能なデバイスである PLD を用いて構成する方法である（図 12.4）．IC 製造メーカに発注しなくても，市販の PLD を購入して個人でもすぐに開発できる．また，PLD に転送するコードを書き直すことで，構成を容易に変更できる．少数個の場合は，ASIC よりコストがかからない．

図 12.4 PLD を用いた電子サイコロ

PLD は，転送されるコードによって内部のハードウェア構成を変更するデバイスである．マイクロコンピュータのように，ハードウェア上でプログラムを動作させるのではない．このため，マイクロコンピュータよりも高速な動作が可能となる．

↳章末問題 12.1，12.2

12.1.2 CPLD と FPGA

図 12.5 に，PLD を用いた論理回路の設計手順の概要を示す．

PLD は，**CPLD** (complex programmable logic device) と **FPGA** (field programmable gate array) に大別できる．

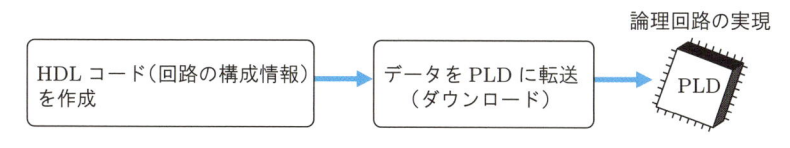

図 12.5 PLD を用いた設計手順の概要

(1) CPLD

CPLD は，小規模から中規模程度までの回路に使用できるデバイスであり，機種によって約 1,000～12,000 個以上のゲートを内蔵している．このデバイスは，USB メモリなどと同じ**フラッシュメモリ**の技術が用いられているため，電源を切っても回路の構成情報を保持することができる．図 12.6 に，CPLD の外観例を示す．

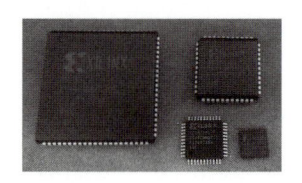

図 12.6　CPLD の外観例

(2) FPGA

FPGA は，中規模程度から大規模な回路に使用できるデバイスであり，機種によって約 5,000～10,000,000 個以上のゲートを内蔵している．このデバイスは，**SRAM** (static random memory) の技術が用いられているため，電源を切ると回路の構成情報が消失する．このため，回路の構成情報を記したコードを保持しておくために，**コンフィグレーション ROM** (configuration read only memory) とよばれる不揮発性メモリを併用する．毎回の起動時には，コンフィグレーション ROM から FPGA 内に回路の構成情報を読み込む必要がある．図 12.7 に，FPGA などの外観例を示す．

（a）FPGA　　　　　　（b）コンフィグレーション ROM

図 12.7　FPGA などの外観例

↳ 章末問題 **12.3**

12.1.3　ハードウェア記述言語

ハードウェア記述言語 (**HDL**: hardware description language) は，PLD に与える回路の構成情報を記述するための言語である．現在，主流となっている HDL は下記のとおりである．

(1) VHDL

VHDL は，1980 年代，アメリカ国防総省（通称：ペンタゴン）の超高速 IC(very high speed integrated circuit) 開発プロジェクトによって開発された HDL である．

1987年に，アメリカの電気電子学会 (IEEE) によって標準化された．記述ルールが極めて厳格に規定されているのが特徴である．図 12.8 に，VHDL による同期式 10 進カウンタ回路のコード記述例を示す．

```
library IEEE;
use IEEE.STD_LOGIC_1164.ALL;
use IEEE.STD_LOGIC_ARITH.ALL;
use IEEE.STD_LOGIC_UNSIGNED.ALL;

entity rei4_10 is
    Port ( CLK : in std_logic;
           RESET : in std_logic;
           Q : out std_logic_vector(3 downto 0));
end rei4_10;

architecture Behavioral of rei4_10 is
        signal WORK : std_logic_vector(3 downto 0) ;
begin
process(CLK)
begin
        if (CLK'event and CLK='1') then
                if (RESET = '0') then
                        WORK <= "0000" ;
                elsif(WORK = "1001") then
                        WORK <= "0000";
                else
                        WORK <= WORK + '1' ;
                end if;
        end if;
end process;
Q <= WORK ;
end Behavioral;
```

　　ライブラリ宣言部
　　エンティティ宣言部
　　アーキテクチャ宣言部

図 12.8　同期式 10 進カウンタ回路のコード例 (VHDL)

図 12.8 に示したように，VHDL は，主として以下の三つの宣言部からなる．

・ライブラリ (library) 宣言部：各種のデータ型や演算子などを使用するために必要なライブラリとパッケージを指定する．
・エンティティ (entity) 宣言部：回路の入力端子と出力端子についての設定を記述する．
・アーキテクチャ (architecture) 宣言部：回路の機能を記述する．

(2) Verilog HDL

Verilog HDL は，アメリカのゲートウェイ・デザイン・オートメーション社によって開発された HDL である．1995 年に，アメリカの電気電子学会 (IEEE) によって標準化された．柔軟で自由度の高い記述ができるのが特徴である．図 12.9 に，Verilog HDL による同期式 10 進カウンタ回路のコード記述例を示す．

図 12.9 に示したように，Verilog HDL は，主として以下の三つの宣言部からなる．

```
module rei4_10(CLK, RESET, Q);
    input CLK;
    input RESET;
    output [3:0] Q;

    reg  [3:0] Q;

    always @(posedge CLK)
    begin
            if(~RESET)
                    Q <= 4'b0000;
            else if(Q == 4'b1001)
                    Q <= 4'b0000;
            else
                    Q <= Q +1'b1;
    end
endmodule
```

- ポート宣言部
- アーキテクチャ宣言部
- モジュール宣言部

図 12.9　同期式 10 進カウンタ回路のコード例 (Verilog HDL)

- モジュール (module) 宣言部：コードを管理する宣言部であり，module と endmodule で指定した範囲内にコードを記述する．
- ポート (port) 宣言部：回路の入力端子と出力端子についての設定を記述する．
- アーキテクチャ (architecture) 宣言部：回路の機能を記述する．

以上の他に，Verilog HDL を拡張した **SystemVerilog** やオブジェクト指向を取り入れた **SystemC** などの HDL がある．VHDL や Verilog HDL などにおけるコードの記述法には，**構造記述**と**動作記述**がある（図 12.10）．構造記述は，回路を論理式

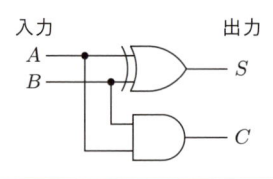

```
module zu12_10a(A, B, S, C);
    input A;
    input B;
    output S;
    output C;

assign S = A ^ B;
assign C = A & B;

endmodule
```

```
module zu12_10b(A, B, S, C);
    input A;
    input B;
    output S;
    output C;

    wire [1:0] ADD;

    assign ADD = A + B;
    assign S = ADD[0];
    assign C = ADD[1];

endmodule
```

（a）構造記述　　　　　　　　　（b）動作記述

図 12.10　半加算器のコード例 (Verilog HDL)

で表現するのと同様の記述法である．一方の動作記述は，図12.8や図12.9のように，回路の動作をもとにコードを記述する方法である．動作記述は，たとえば真理値表や動作表に基づいた記述であるため，構造記述に比べてより簡単に回路を表現することができる．

　HDLのコードは，一見するとCやJavaなどのプログラミング言語による記述に似ている．しかし，プログラミング言語はCPUというハードウェアの上で動作するプログラムを記述するためのツールである．一方，HDLはPLDというハードウェア自身の構成を決めるためのコードを記述するツールである．たとえば，繰り返し処理を用いた記述を考えよう．Cなどのプログラミング言語では，メインメモリの特定箇所に格納されたプログラム部が繰り返し実行される．ところが，HDLでは，記述した回路が繰り返し回数個だけPLD内部に構成される．したがって，HDLを用いた設計を行う場合には，実際に出来上がる回路を想定しながら作業を進めることが重要である．また，トラブルが生じた際の対処の観点からも，論理回路の知識が必要となる．

↳ 章末問題 **12.4**，**12.5**，**12.6**

12.2 　PLDを用いた設計

12.2.1　PLDを用いた設計手順

　図12.5に示したPLDを用いた設計手順をより詳しく表すと図12.11のようになる．手順**1**〜**9**の作業概要は，以下のとおりである．

■□**PLDを用いた設計手順**■□

手順**1**　**仕様設計**：実現したい回路の動作条件などを検討し，回路の仕様を設計する．
手順**2**　**HDLコード記述**：仕様設計に基づいて，HDLによりコードを記述する．
手順**3**　**論理シミュレーション**：シミュレータを用いて，記述したコードの回路について論理的な動作を検証する．この過程は，省略することもある．
手順**4**　**論理合成**：記述したコードを回路の構成データに変換する．
手順**5**　**配置配線**：設計した回路の入出力端子を使用するPLDの端子に割り当てる．
手順**6**　**遅延シミュレーション**：使用するPLDのデータを用いて，伝搬遅延時間などを考慮したシミュレーションを行う．上記**3**の論理シミュレーションよりも，実際の動作状況に近い検証が可能となる．この過程は，省略することもある．
手順**7**　**転送用ファイル作成**：PLDに転送するデータファイルを作成する．
手順**8**　**転送**：作成したデータファイルをPLDに転送する．パソコンのUSBポートを用いて転送することが多く，**JTAG**(Joint Test Action Group)とよばれる転送規格などが使用される．この過程は，**ダウンロード**とよばれることもある．
手順**9**　**動作確認**：PLDが目的の動作を行うかどうかを確認する．この過程では，PLDに加えてLEDやスイッチなどが搭載された**評価ボード**とよばれる動作確認用の汎用回路基板が使用されることもある（図12.12）．

```
┌─────────────┐
│ 1 仕様設計  │
└──────┬──────┘
       ▼
┌──────────────┐
│ 2 HDLコード記述 │
└──────┬──────┘
       │      ┌─────────────────────┐
       │   ←─│ 3 論理シミュレーション │
       ▼      └─────────────────────┘
┌─────────────┐
│ 4 論理合成  │
└──────┬──────┘
       ▼
┌─────────────┐
│ 5 配置配線  │
└──────┬──────┘
       │      ┌─────────────────────┐
       │   ←─│ 6 遅延シミュレーション │
       ▼      └─────────────────────┘
┌──────────────────┐
│ 7 転送用ファイル作成 │
└────────┬─────────┘
         ▼
┌──────────────────┐
│ 8 転送（ダウンロード） │
└────────┬─────────┘
         ▼
┌─────────────┐
│ 9 動作確認  │
└──────┬──────┘
       ▼
    [ 終了 ]
```

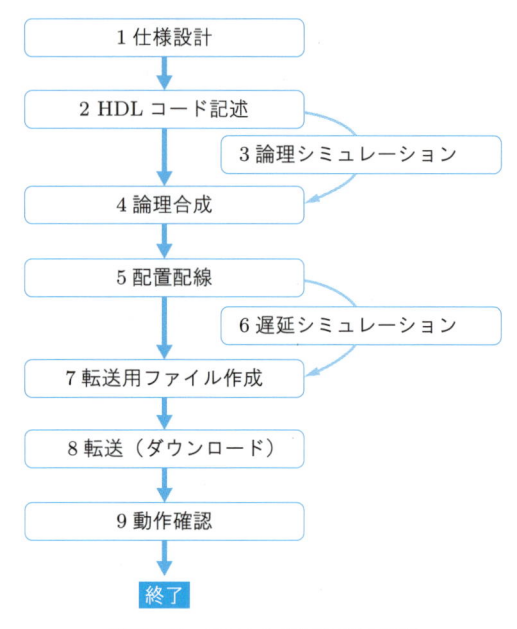

図 12.11　PLD を用いた設計手順

図 12.12　評価ボードの外観例（ヒューマンデータ社：教育用 EDX-007）

　上記 **2〜8** はパソコンを用いた作業が主体となる．パソコンでの開発には，PLD 製造メーカが提供している統合開発環境を使用できる．現在では，フリーで使用できる高機能な統合開発環境も充実している．

↳章末問題 **12.7**, **12.8**

12.2.2　PLD を用いた設計例

　PLD を用いた設計例として，**電子サイコロ**（p.101）の構成法について考えよう．図 12.13 に示す電子サイコロの構成において，6 進カウンタ回路とデコーダ回路を CPLD 内に構成する．発振回路は，CPLD 内に構成できないため，発振ユニットを外部に用意する．

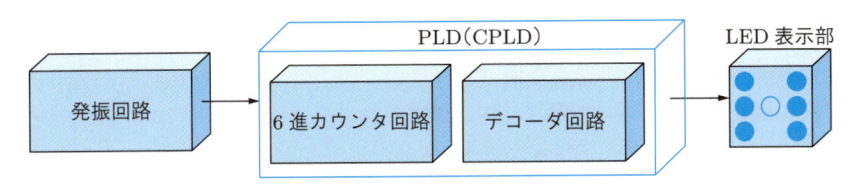

図 12.13　電子サイコロの構成

　図 12.14 に，電子サイコロの接続図を示す．使用した CPLD は，全 44 ピンのうち 34 ピンがユーザ I/O として使用できる．この回路では，7 本のピンを出力，1 本のピンを入力として使用している．

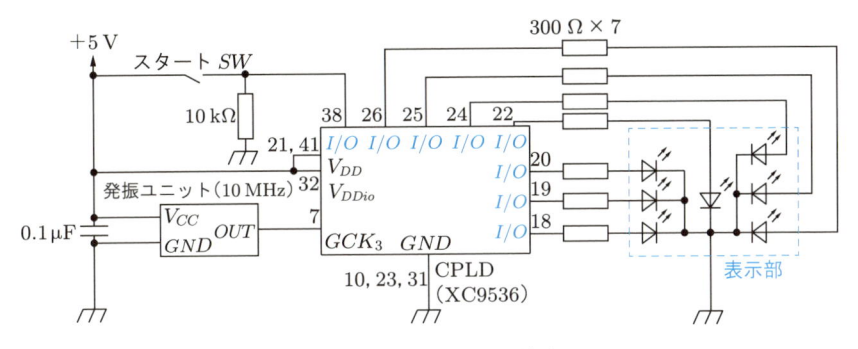

図 12.14　電子サイコロの接続図

　図 12.15 に，Verilog HDL で記述した電子サイコロのコードを示す．このコードでは，発振ユニットから出力される方形波のアップエッジで動作する 6 進カウンタ回路および，そのカウンタの出力をデコードするデコーダ回路を構成する記述を行っている．デコーダ回路の出力データによって，CPLD 外部の LED 表示部は，"1"～"6" の目を連続して表示することを繰り返している．この表示は，発振ユニットの出力 10 MHz に同期して切り替わるので，速すぎて人には認識できない．スタートスイッチ SW をオフにすると，6 進カウンタ回路のカウントが停止するので，そのときに表示されるサイコロの目は，人からみるとランダムに選択されたと考えてよい．

　CPLD を用いた電子サイコロの製作例は，図 12.4（p.143）として示した．プリント基板の左側中央に CPLD，その下に発振ユニット，また上部には 5 V を得るための 3 端子レギュレータ IC を配置してある．

```
module dice(CLK, ST, LED);
    input CLK;
    input ST;
    output [6:0] LED;

    reg [2:0] CNT;

// counter
always @(posedge CLK)
begin
if(ST)
        if(CNT == 3'b101)
        CNT <= 3'b000;
        else
        CNT <= CNT + 1'b1;
end

// decoder
function [7:0] LED0;
 input [2:0] CNT;
begin
    case(CNT)
        3'b000:LED0 = 7'b000_1000 ;
        3'b001:LED0 = 7'b100_0001 ;
        3'b010:LED0 = 7'b100_1001 ;
        3'b011:LED0 = 7'b101_0101 ;
        3'b100:LED0 = 7'b101_1101 ;
        3'b101:LED0 = 7'b111_0111 ;
        default:LED0 = 7'b000_0000 ;
    endcase
end
endfunction

assign LED = LED0(CNT);

endmodule
```

図 12.15　電子サイコロのコード (Verilog HDL)

章末問題 12

12.1　表 12.1 は，本章で学んだ 4 種類の機能実現法についての比較である．優れている比較項目に○を記入しなさい．

表 12.1　機能実現法の比較

比較項目	汎用ディジタル IC	マイコン	ASIC	PLD
機能変更				
部品数				
開発期間				
動作速度				
開発コスト（少量）				
開発コスト（大量）				

12.2 ASIC と PLD について，次の各比較項目で優れているのはどちらのデバイスか答えなさい．
（1）設計ミス時の対応　　（2）開発期間　　（3）機能変更
（4）動作速度　　（5）デバイス内の素子の使用効率

12.3 CPLD と FPGA について，次の比較を行いなさい．
（1）対象となる回路規模　　（2）開発期間
（3）回路構成情報の保持　　（4）HDL の選択

12.4 HDL と C などのプログラミング言語の使用目的の違いを説明しなさい．

12.5 図 12.16(a)(b) を実行した場合，行の動作順序について説明しなさい．

$x = a * b;$
$y = x;$
$z = a + y$
（a）C 言語

assign $X = A \& B;$
assign $Y = \sim C;$
assign $Z = X \mid Y;$
（b）Verilog HDL

図 12.16　実行するコード部

12.6 HDL における構造記述と動作記述の違いを説明しなさい．

12.7 PLD の配置配線とは，どのようなことを行う過程か説明しなさい．

12.8 論理シミュレーションと遅延シミュレーションの違いを説明しなさい．

章末問題解答

第1章

1.1 (1) 512 bit　(2) 100 kB, 97.7 KiB　(3) 5 GB, 4.7 GiB　(4) 610.4 MiB
1.2 (1) 1111 0001B　(2) 0011 0101B　(3) 0010 1011 1100B　(4) 0111B
1.3 (1) 1000 1100B　(2) 8CH　(3) 220D　(4) DCH　(5) 1011 1110 1001B
　　　(6) 3049D　(7) 1010.0001B　(8) A.1H
1.4 (1) 12.8125D　(2) 0011 0001.0$\dot{1}$00 $\dot{1}$B　(循環小数)
1.5 (1) 1の補数 1110 0100B, 2の補数 1110 0101B
　　　(2) 1の補数 0101 0011B, 2の補数 0101 0100B
1.6 (1) 0100 1111B　(2) 0110 1001B　(3) 1001 0111B　(4) 1001 0110B
1.7 (1) 0010 0010B　(2) 1100 1101B
1.8 (1) 0101 1001BCD　(2) 0001 0100.0011 0010BCD
1.9 2進数 0〜255D, 2進化10進数 0〜99D

第2章

2.1 (1) 算術演算 1010B, 論理演算 0111B　(2) 算術演算 1000 1111B, 論理演算 1001B
2.2 (1) $F = A \cdot (B + C)$　(2) $F = \overline{A} \cdot (B \cdot C + D \cdot E)$
2.3 (1)　　　　　　　　　　　　(2)

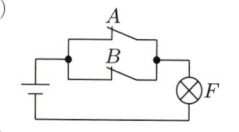

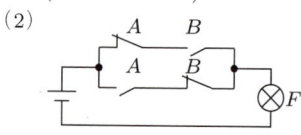

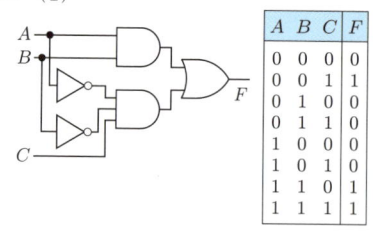

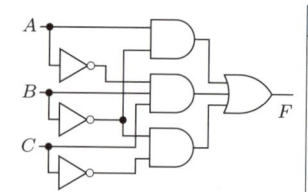

2.4 (1)

A	B	C	F
0	0	0	1
0	0	1	0
0	1	0	0
0	1	1	0
1	0	0	0
1	0	1	0
1	1	0	0
1	1	1	0

(2)

A	B	C	F
0	0	0	0
0	0	1	0
0	1	0	1
0	1	1	0
1	0	0	1
1	0	1	0
1	1	0	0
1	1	1	1

2.5 (1) 1000B　(2) 1101B　(3) 0110B　(4) 0111B　(5) 0010B　(6) 0101B　(7) 1010B
2.6 (1)　　　　　　　　　　　　(2)

A	B	C	F
0	0	0	0
0	0	1	1
0	1	0	0
0	1	1	0
1	0	0	0
1	0	1	1
1	1	0	1
1	1	1	1

A	B	C	F
0	0	0	1
0	0	1	0
0	1	0	0
0	1	1	1
1	0	0	1
1	0	1	1
1	1	0	1
1	1	1	0

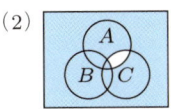

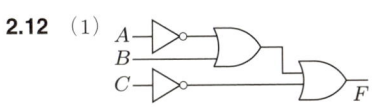

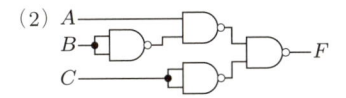

2.7 (1) $F = A \cdot \overline{B} + \overline{A} \cdot B \cdot \overline{C}$ (2) $F = \overline{A} \cdot B \cdot \overline{C} + A \cdot B \cdot C + A \cdot \overline{B} \cdot \overline{C}$

A	B	C	F
0	0	0	0
0	0	1	0
0	1	0	1
0	1	1	0
1	0	0	1
1	0	1	1
1	1	0	0
1	1	1	0

A	B	C	F
0	0	0	0
0	0	1	0
0	1	0	1
0	1	1	0
1	0	0	1
1	0	1	0
1	1	0	0
1	1	1	1

2.8 (1) [ベン図: A ∩ B] (2) [ベン図: B ∩ C]

2.9 (1) $F = \overline{A} \cdot B$ (2) $F = A \cdot B \cdot \overline{C} + \overline{A} \cdot B \cdot C$

2.10 (1) 左辺   右辺

A	B	A+B	A·(A+B)
0	0	0	0
0	1	1	0
1	0	1	1
1	1	1	1

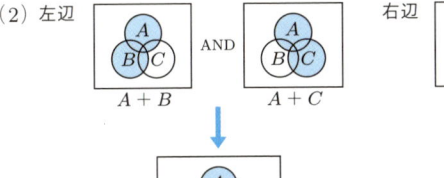

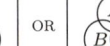

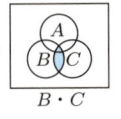

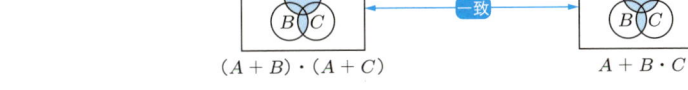

A
0
0
1
1

一致

(2) 左辺: (A+B) AND (A+C) → (A+B)·(A+C)
    右辺: A OR (B·C) → A+B·C
    一致

2.11 右辺: $A + B = 1 \cdot (A+B) = (A + \overline{A}) \cdot (A + B)$
$$= A \cdot A + A \cdot B + A \cdot \overline{A} + \overline{A} \cdot B = A + A \cdot B + A \cdot \overline{A} + \overline{A} \cdot B$$
$$= A \cdot (1 + B + \overline{A}) + \overline{A} \cdot B = A + \overline{A} \cdot B : 左辺$$

2.12 (1) [論理回路図: A, B, C入力, NOT・ORゲートによる F] (2) [論理回路図: A, B, C入力, NANDゲートによる F]

2.13 (1) $F = A \cdot \overline{B} + (A + B) = A \cdot (\overline{B} + 1) + B = A + B$
(2) $F = (\overline{A} + B) \cdot (\overline{A} + \overline{B}) = (\overline{A} + B) \cdot (\overline{A} \cdot B) = \overline{A} \cdot B + \overline{A} \cdot B = \overline{A} \cdot B$
(3) $F = (\overline{\overline{A} + \overline{B} + \overline{C}}) = (\overline{\overline{A} + \overline{B}}) \cdot C = A \cdot B \cdot C$
(4) $F = (\overline{A} + B + C) \cdot (A + \overline{B} + C) + \overline{A} \cdot B$
$= A \cdot \overline{A} + \overline{A} \cdot \overline{B} + \overline{A} \cdot C + A \cdot B + B \cdot \overline{B} + B \cdot C + A \cdot C + \overline{B} \cdot C + C \cdot C + \overline{A} \cdot B$
$= C \cdot (\overline{A} + B + A + \overline{B} + 1) + \overline{A} \cdot \overline{B} + A \cdot B + \overline{A} \cdot B$
$= C + \overline{A} \cdot \overline{B} + A \cdot B + \overline{A} \cdot B = \overline{A} \cdot (\overline{B} + B) + A \cdot B + C = \overline{A} + A \cdot B + C = \overline{A} + B + C$

第 3 章

3.1 $F = \overline{A} \cdot \overline{B} \cdot C + \overline{A} \cdot B \cdot \overline{C} + A \cdot B \cdot \overline{C} + A \cdot B \cdot C$

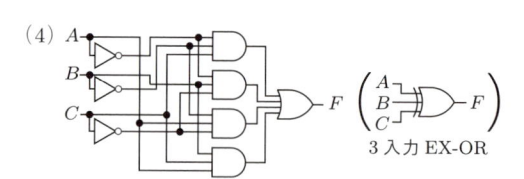

3.2 $F = \overline{A} \cdot \overline{B} \cdot \overline{C} + A \cdot B \cdot C$

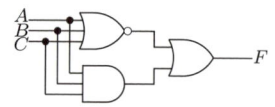

3.3 $F = (A + B + C) \cdot (A + \overline{B} + \overline{C}) \cdot (\overline{A} + B + \overline{C}) \cdot (\overline{A} + \overline{B} + \overline{C})$

3.4 (1) $F = A \cdot B \cdot C + A \cdot B \cdot \overline{C} + \overline{A} \cdot B \cdot C + \overline{A} \cdot B \cdot \overline{C} + A \cdot \overline{B} \cdot \overline{C}$

(2) $F = \overline{A} \cdot \overline{B} \cdot C + A \cdot \overline{B} \cdot C + A \cdot B \cdot C$　　（真理値表を用いるとよい）

3.5 (a) $F = A + B$　　(b) $F = A \cdot B + \overline{A} \cdot \overline{B}$　　(EX-NOR)

3.6 (a) $F = B + C$

(b) $F = A \cdot \overline{C} + \overline{A} \cdot C + \overline{A} \cdot \overline{B}$　　または，　　$F = A \cdot \overline{C} + \overline{A} \cdot C + \overline{B} \cdot \overline{C}$

3.7 (a) $F = \overline{A} \cdot \overline{B} \cdot \overline{D} + \overline{B} \cdot \overline{C} \cdot \overline{D} + A \cdot B \cdot C + A \cdot B \cdot D + B \cdot C \cdot D$

(b) $F = \overline{A} \cdot D + B \cdot D + A \cdot \overline{B} \cdot \overline{C} \cdot \overline{D}$

3.8 (1) $F = \overline{A} \cdot C + \overline{B}$

(2) $F = A \cdot \overline{B} \cdot \overline{C} + \overline{A} \cdot \overline{B} \cdot D + \overline{B} \cdot \overline{C} \cdot D + \overline{A} \cdot B \cdot C \cdot \overline{D}$

3.9 $F = \overline{A} \cdot \overline{B} \cdot C + B \cdot C \cdot D + A \cdot B \cdot \overline{C}$

3.10 (1)

A	B	C	F
0	0	0	0
0	0	1	1
0	1	0	1
0	1	1	0
1	0	0	1
1	0	1	0
1	1	0	0
1	1	1	1

(2) $F = \overline{A} \cdot \overline{B} \cdot C + \overline{A} \cdot B \cdot \overline{C} + A \cdot \overline{B} \cdot \overline{C} + A \cdot B \cdot C$

(3) 論理圧縮できない．

3.11 (1)

A	B	C	D	F
0	0	0	0	0
0	0	0	1	0
0	0	1	0	0
0	0	1	1	0
0	1	0	0	0
0	1	0	1	0
0	1	1	0	0
0	1	1	1	1
1	0	0	0	0
1	0	0	1	0
1	0	1	0	0
1	0	1	1	1
1	1	0	0	0
1	1	0	1	1
1	1	1	0	1
1	1	1	1	1

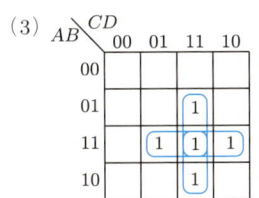

(2) $F = \overline{A} \cdot B \cdot C \cdot D + A \cdot \overline{B} \cdot C \cdot D + A \cdot B \cdot \overline{C} \cdot D + A \cdot B \cdot C \cdot \overline{D} + A \cdot B \cdot C \cdot D$

(3) カルノー図より

$F = A \cdot B \cdot C + A \cdot B \cdot D + A \cdot C \cdot D + B \cdot C \cdot D$

(4) 論理回路図

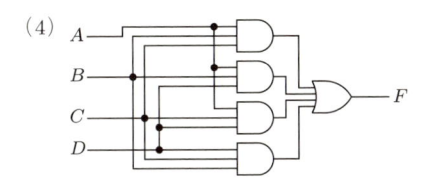

第4章

4.1 トランジスタを用いた回路は，能動素子が 1 個ですむが，抵抗での消費電力が無視できない．CMOS 回路は，能動素子が 2 個必要だが，抵抗が不要であり消費電力が少ない．

4.2

ディジタル IC	集積度	消費電力	動作速度	電源電圧範囲
TTL	×	×	○	×
CMOS	○	○	×	○

4.3 テキサスインスツルメント社のデータシートによると，74AC00 は $-40 \sim 85$ ℃，54AC00 は $-55 \sim 125$ ℃．

4.4 推奨動作条件は安定して動作させるためにメーカが推奨している条件，絶対最大定格は一瞬でも超えるとディジタル IC を壊してしまう可能性がある定格．

4.5

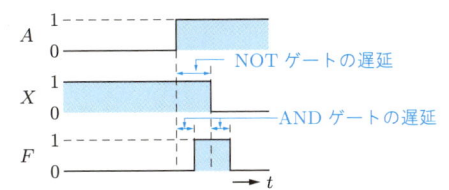

ゲート IC の伝搬遅延時間を考慮すると，出力 F に "1" が生じ，他の回路が誤動作することがある．この例のように，予期せずに発生する危険な信号を**ハザード** (hazard) という．

4.6 (1) ディジタル IC が，信号を "0" または "1" と判断する電圧．
(2) ディジタル IC が信号を "0" または "1" と判断する境界の電圧．

4.7

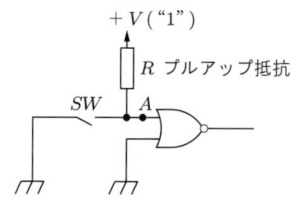

4.8 論理レベルや電源電圧の動作範囲，ピン配置などの違いに注意する．
4.9 1本の出力端子に接続できる入力端子の最大本数．
4.10 出力端子が "0" のとき：$10\,\mathrm{mA} \div 0.5\,\mathrm{mA} = 20$．
出力端子が "1" のとき：$0.7\,\mathrm{mA} \div 0.04\,\mathrm{mA} = 17.5$，これより，ファンアウトは 17 本．
4.11 長所：大きな出力電流を流せる，出力端子どうしを接続できる．
短所：外部に負荷抵抗が必要．
4.12 消費電流が少ない間に蓄えたエネルギーを，大きな電流が必要になったときに供給する．電源ラインに乗った高周波ノイズをグラウンドに逃がす．

第 5 章

5.1

A	B	D	B_o
0	0	0	0
0	1	1	1
1	0	1	0
1	1	0	0

$$\begin{cases} D = \overline{A} \cdot B + A \cdot \overline{B} \\ B_o = \overline{A} \cdot B \end{cases}$$

5.2

A	B	B_i	D	B_o
0	0	0	0	0
0	0	1	1	1
0	1	0	1	1
0	1	1	0	1
1	0	0	1	0
1	0	1	0	0
1	1	0	0	0
1	1	1	1	1

$$\begin{cases} D = \overline{A} \cdot \overline{B} \cdot B_i + \overline{A} \cdot B \cdot \overline{B_i} + A \cdot \overline{B} \cdot \overline{B_i} + A \cdot B \cdot B_i \\ B_o = \overline{A} \cdot B + \overline{A} \cdot B_i + B \cdot B_i \end{cases}$$

5.3 下位ビットからの桁上がりデータを上位ビットに順次送りながら加算を行うため，最終的な演算結果を得るのに時間がかかる．

5.4 $A_3 A_2 A_1 A_0 = 0110$, $B_3 B_2 B_1 B_0 = 0011$, $G = 1$, $B'_3 B'_2 B'_1 B'_0 = 1100$, $S_4 S_3 S_2 S_1 S_0 = 10011$，減算の答（差）は，0011．

5.5

目	A_2	A_1	A_0	F_6	F_5	F_4	F_3	F_2	F_1	F_0
1	0	0	0	0	0	0	1	0	0	0
2	0	0	1	1	0	0	0	0	0	1
3	0	1	0	1	0	0	1	0	0	1
4	0	1	1	1	0	1	0	1	0	1
5	1	0	0	1	0	1	1	1	0	1
6	1	0	1	1	1	0	1	1	1	1
未使用	1	1	0	ϕ						
	1	1	1							

(ϕ：don't care)

$F_0 = A_0 + A_1 + A_2$

$F_1 = A_0 \cdot A_2$

$F_2 = A_2 + A_0 \cdot A_1$

$F_3 = \overline{A_0}$

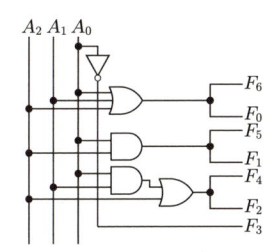

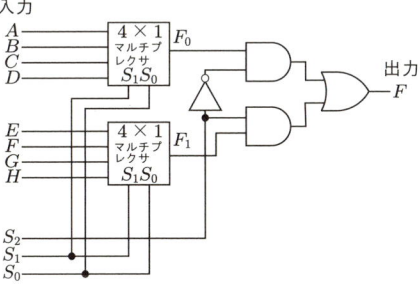

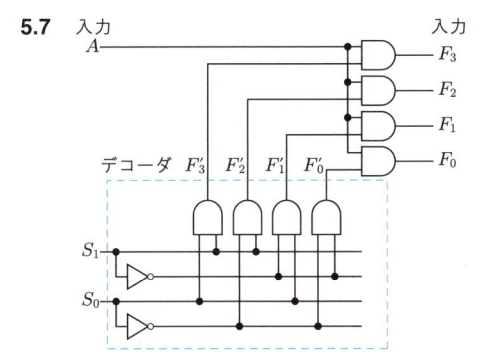

$F_4 = A_2 + A_0 \cdot A_1$

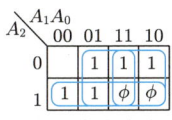

$F_5 = A_0 \cdot A_2$

$F_6 = A_0 + A_1 + A_2$

5.6

5.7

第6章

6.1 p.19 で学んだド・モルガンの定理を用いて，OR を NAND に置き換える．変形過程の回路を下に示す．

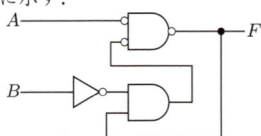

6.2 $Q = \text{``1''}$，$\overline{Q} = \text{``1''}$ で安定するが Q と $\overline{Q}$ の論理関係に矛盾が生じる．また，その後に $R = \text{``0''}$，$S = \text{``0''}$ の入力を行うと，どちらの NAND ゲートが先に動作するかで出力結果が異なってしまう．

6.3

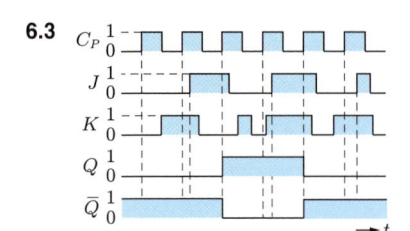

6.4

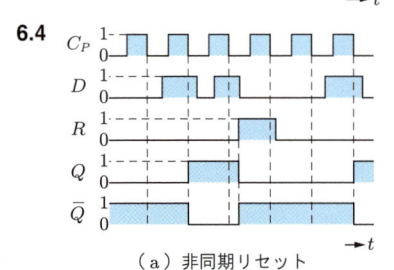

（a）非同期リセット 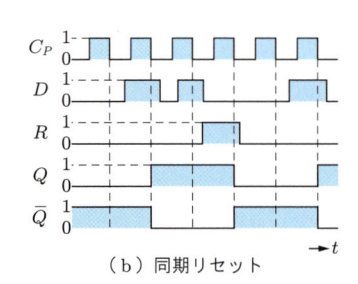　　　（b）同期リセット

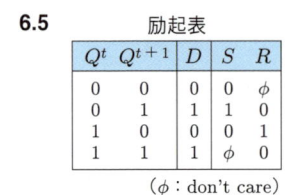

6.5 励起表

Q^t	Q^{t+1}	D	S	R
0	0	0	0	ϕ
0	1	1	1	0
1	0	0	0	1
1	1	1	ϕ	0

(ϕ : don't care)

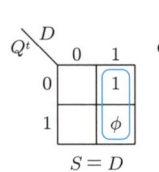

$S = D$　　　$R = \overline{D}$

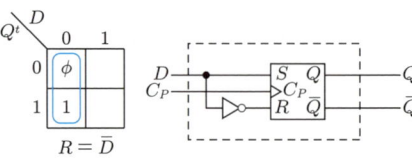

6.6 励起表

Q^t	Q^{t+1}	T	D
0	0	0	0
0	1	1	1
1	0	1	0
1	1	0	1

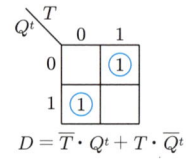

$D = \overline{T} \cdot Q^t + T \cdot \overline{Q^t}$

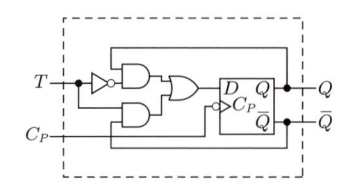

第7章

7.1

C_P	Q_2	Q_1	Q_0
0	0	0	0
1	0	0	1
2	0	1	0
3	0	1	1
4	1	0	0
5	1	0	1
6	1	1	0
7	0	0	0

7.2 非同期式カウンタ．非同期式カウンタは，動作が終了するまでの時間が長いため動作中にノイズなどの影響を受ける可能性が高くなる．一方，同期式カウンタは，基本的に1回の動作で全体の処理を終了するため，ノイズなどの影響を受ける可能性が低い．

7.3 6個．$(2^6 = 64)$．

7.4 非同期式16進ダウンカウンタ．

7.5

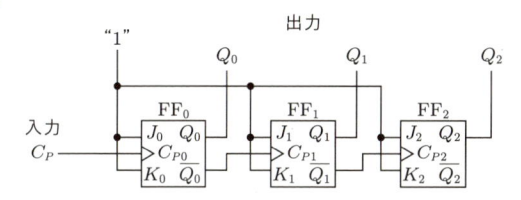

7.6

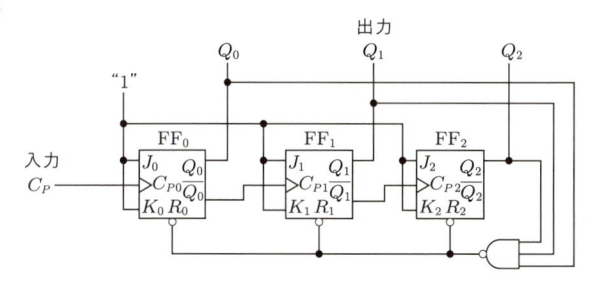

7.7 2^k 進カウンタ以外の任意の n 進カウンタでは，n の値が大きくなるほど，リセット信号発生回路にファンイン（入力端子数）の多いゲートを使用する必要が生じる．また，フリップフロップの数も多くなるため，リセット動作のタイミングによって誤動作する可能性が高くなる．

7.8 入力した信号の周波数を減じて出力する機能を分周という．

7.9 使用する出力端子によって，Q_3 は 1/16，Q_2 は 1/8，Q_1 は 1/4，Q_0 は 1/2 の分周比のプリスケーラ（分周器）として動作する．

第8章

8.1

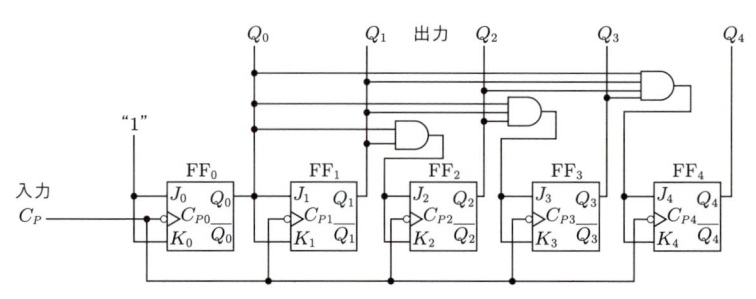

8.2 k の値が大きくなると，多入力 AND ゲートが必要になってくる．たとえば，章末問題 8.1 で設計した $k=5$ の 32 進カウンタでは，4 入力 AND ゲートが必要になる．下図のように，前段の AND ゲートを次々と使用していけば，2 入力 AND ゲートによってカウンタを構成することもできる．しかし，この場合は，後段になるほど，AND ゲートの伝搬遅延時間が累積していくことに注意する必要がある．

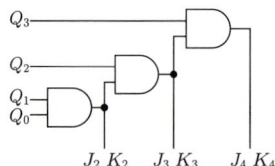

8.3

特性表

C_P	Q_2^t	Q_1^t	Q_0^t	Q_2^{t+1}	Q_1^{t+1}	Q_0^{t+1}
1	0	0	0	0	0	1
2	0	0	1	0	1	0
3	0	1	0	0	1	1
4	0	1	1	1	0	0
5	1	0	0	0	0	0

$Q_0^{t+1} = \overline{Q_2^t} \cdot \overline{Q_0^t}$
$J_0 = \overline{Q_2^t},\ K_0 = \text{``1''}$

$Q_1^{t+1} = \overline{Q_1^t} \cdot Q_0^t + Q_1^t \cdot \overline{Q_0^t}$
$J_1 = Q_0^t,\ K_1 = Q_0^t$

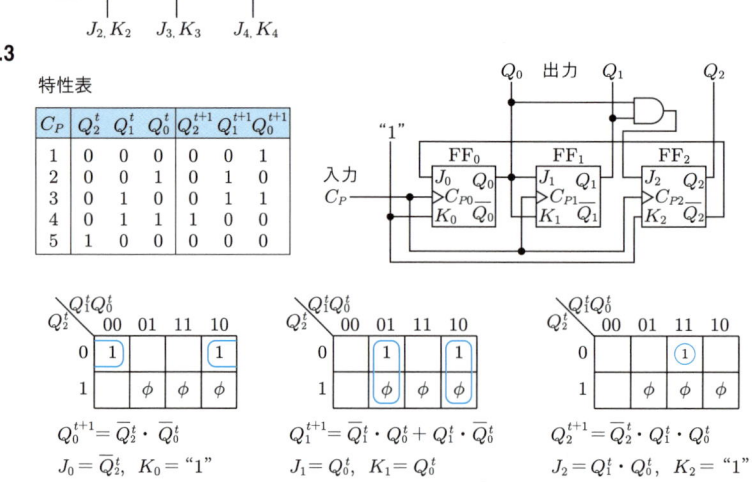

$Q_2^{t+1} = \overline{Q_2^t} \cdot Q_1^t \cdot Q_0^t$
$J_2 = Q_1^t \cdot Q_0^t,\ K_2 = \text{``1''}$

8.4 シフトレジスタを用いた並列 – 直列変換回路である．4 ビットの並列データ "$X_3 X_2 X_1 X_0$" をセット信号 S によって，各フリップフロップに記憶させる．その後，クロックパルスを端子 C_P に入力するたびに，FF$_3$ の出力 Q_3 からデータを直列に取り出すことができる．

8.5 3 ビットの 6 進自己補正型ジョンソンカウンタ回路である．自己補正型でないジョンソンカウンタ回路は，次頁の図のように何らかの原因で，出力 "010" か "101" になった場合は，定常ループに戻ることができない．出力 "101" になった場合に，次の動作で出力 Q_0 を "1" のまま保持できれば，図の破線のように遷移して定常ループに戻ることができる．このため，図 8.16 のように AND

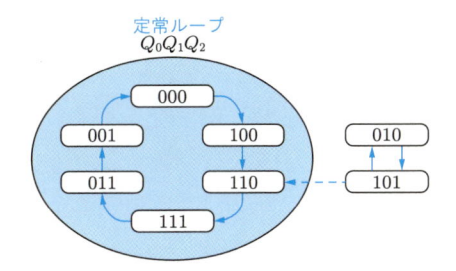

```
         定常ループ
         Q₀Q₁Q₂
       ┌─────────┐
       │   000   │
   ┌───┤         ├───┐      ┌─────┐
   │001│         │100│      │ 010 │
   ├───┤         ├───┤      ├─────┤
   │011│         │110│ ---- │ 101 │
   └───┤         ├───┘      └─────┘
       │   111   │
       └─────────┘
```

ゲートを接続すれば自己補正型となる．このANDゲートは他の遷移状態を変化させない．

8.6 （1）4個　（2）10個　（3）5個

第9章

9.1 （1）ミーリー型　（2）ムーア型

9.2 詳しい状態遷移表とカルノー図から，JKフリップフロップの入力端子の論理式を求めると以下のようになる．

詳しい状態遷移表

クロックパルス C_P	現在の状態 Q^t			次の状態 Q^{t+1}				JK-FFの入力					
		Q_2	Q_1	Q_0		Q_2	Q_1	Q_0	J_2	K_2	J_1	K_1	J_0	K_0
1	s_0	0	0	0	s_1	0	0	1	0	ϕ	0	ϕ	1	ϕ
2	s_1	0	0	1	s_2	0	1	0	0	ϕ	1	ϕ	ϕ	1
3	s_2	0	1	0	s_3	0	1	1	0	ϕ	ϕ	0	1	ϕ
4	s_3	0	1	1	s_4	1	0	0	1	ϕ	ϕ	1	ϕ	1
5	s_4	1	0	0	s_5	1	0	1	ϕ	0	0	ϕ	1	ϕ
6	s_5	1	0	1	s_6	1	1	0	ϕ	0	1	ϕ	ϕ	1
7	s_6	1	1	0	s_0	0	0	0	ϕ	1	ϕ	1	0	ϕ
8		1	1	1		ϕ				ϕ				

（ϕ：don't care）

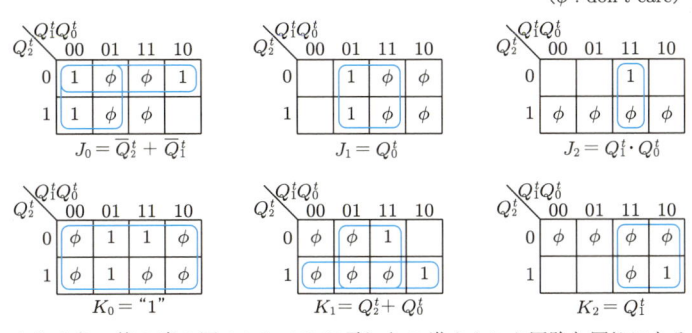

カルノー図：

$J_0 = \overline{Q_2^t} + \overline{Q_1^t}$　　$J_1 = Q_0^t$　　$J_2 = Q_1^t \cdot Q_0^t$

$K_0 = $ "1"　　$K_1 = Q_2^t + Q_0^t$　　$K_2 = Q_1^t$

これより，第8章の図8.6 (p.96) に示した7進カウンタ回路と同じになる．

9.3 (1) たとえば，下記のような状態割り当てを行って回路を設計する．

状態割り当て表

内部状態	D-FF の出力 y_1	y_0
s_0	1	1
s_1	0	1
s_2	1	0

詳しい状態遷移表

現在の状態 y^t y_1 y_0	入力 x	次の状態 y^{t+1} y_1 y_0	D-FF の入力 D_1 D_0	次の出力 z
s_0 1 1	0	s_0 1 1	1 1	0
s_0 1 1	1	s_1 0 1	0 1	0
s_1 0 1	0	s_1 0 1	0 1	0
s_1 0 1	1	s_2 1 0	1 0	0
s_2 1 0	0	s_2 1 0	1 0	0
s_2 1 0	1	s_0 1 1	1 1	1
ϕ 0 0	0	ϕ	ϕ	ϕ
ϕ 0 0	1			

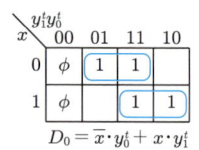

$$D_0 = \overline{x} \cdot y_0^t + x \cdot y_1^t$$

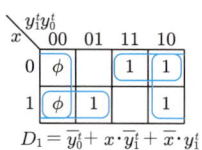

$$D_1 = \overline{y_0^t} + x \cdot \overline{y_1^t} + \overline{x} \cdot y_1^t$$

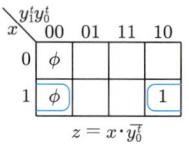

$$z = x \cdot y_0^t$$

導出した論理式を図 9.15 と比較すると，異なった回路になっているが，回路規模はほぼ同様であることがわかる．

(2)

状態割り当て表

内部状態	D-FF の出力 y_1	y_0
s_a	0	0
s_b	0	1
s_1	1	0
s_2	1	1

詳しい状態遷移表

現在の状態 y^t y_1 y_0	入力 x	次の状態 y^{t+1} y_1 y_0	D-FF の入力 D_1 D_0	次の出力 z
s_a 0 0	0	s_b 0 1	0 1	0
s_a 0 0	1	s_1 1 0	1 0	0
s_b 0 1	0	s_b 0 1	0 1	0
s_b 0 1	1	s_1 1 0	1 0	0
s_1 1 0	0	s_1 1 0	1 0	0
s_1 1 0	1	s_2 1 1	1 1	0
s_2 1 1	0	s_2 1 1	1 1	0
s_2 1 1	1	s_a 0 0	0 0	1

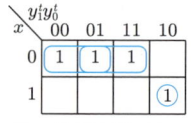

$$D_0 = \overline{x} \cdot \overline{y_1^t} + \overline{x} \cdot y_0^t + x \cdot y_1^t \cdot \overline{y_0^t}$$

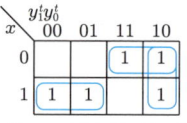

$$D_1 = x \cdot \overline{y_1^t} + \overline{x} \cdot y_1^t + y_1^t \cdot \overline{y_0^t}$$

ムーア型の次の出力は，次の内部状態のみで決まるため，$z = \overline{y_1^{t+1}} \cdot \overline{y_o^{t+1}}$ となる．得られた下記の回路を図 9.16 のミーリー型と比較すると，状態数が増えたことにより回路がやや複雑になっていることがわかる．また，出力 z の取り出し位置に，ミーリー型とムーア型の特徴が現れている．

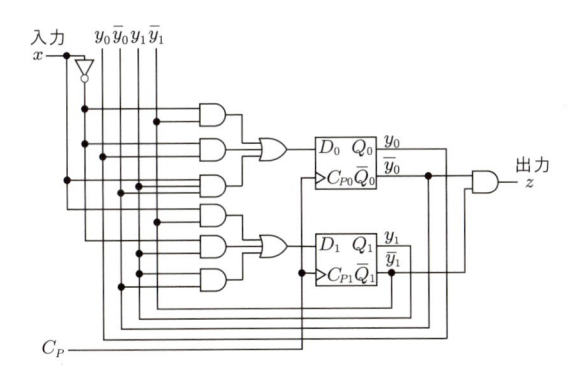

9.4

状態割り当て表

内部状態	D-FF の出力 y_0
s_0	0
s_1	1

詳しい状態遷移表

現在の状態 y^t	入力 x	次の状態 y^{t+1}	D-FF の入力 D_0	次の出力 z
s_0 0	0	s_0 0	0	0
s_0 0	1	s_1 1	1	1
s_1 1	0	s_1 1	1	1
s_1 1	1	s_0 0	0	0

$$\begin{cases} D_0 = x \cdot \overline{y_0^t} + \overline{x} \cdot y_0^t \\ z = x \cdot \overline{y_0^t} + \overline{x} \cdot y_0^t \end{cases}$$

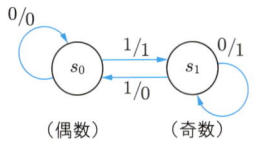

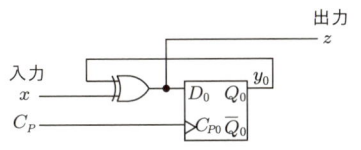

9.5 （1）

状態遷移表 (A)

現在の状態	入力 0	入力 1
s_0	$s_4/0$	$s_6/1$
s_1	$s_5/1$	$s_0/0$
s_2	$s_4/0$	$s_5/0$
s_3	$s_1/0$	$s_2/1$
s_4	$s_5/1$	$s_0/0$
s_5	$s_2/1$	$s_3/1$
s_6	$s_4/0$	$s_5/0$

$$\begin{cases} s_1, s_4 \to s_1 \\ s_2, s_6 \to s_2 \end{cases}$$

（2）状態遷移表 (A) において，状態を遷移する条件が同じである s_1 と s_4 を統合して s_1，また s_2 と s_6 を統合して s_2 とすると状態遷移表 (B) が得られる．さらに，状態遷移表 (B) において，s_0 と s_3 を統合して s_0 とすると状態遷移表 (C) が得られる．

状態遷移表 (B)

現在の状態	入力 0	入力 1
s_0	$s_1/0$	$s_2/1$
s_1	$s_5/1$	$s_0/0$
s_2	$s_1/0$	$s_5/0$
s_3	$s_1/0$	$s_2/1$
s_5	$s_2/1$	$s_3/1$

状態遷移表 (C)

現在の状態	入力 0	入力 1
s_0	$s_1/0$	$s_2/1$
s_1	$s_5/1$	$s_0/0$
s_2	$s_1/0$	$s_5/0$
s_5	$s_2/1$	$s_0/1$

$s_0, s_3 \to s_0$

(3)

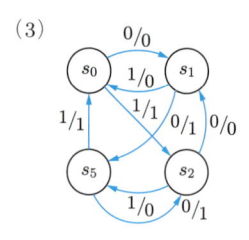

第10章

10.1 式 (10.8) を用いて計算する.

経過時間 [s]	0	1	2	3	4	5
出力電圧 v_R [V]	9	3.31	1.22	0.45	0.16	0.06

10.2 時定数 τ を大きくする.しかし,τ を大きくすると出力 v_c が小さくなってしまうのが問題点である(式 (10.10) 参照).

10.3 NOT_2 の入力端子には,電圧 V_{DD} とコンデンサ C の端子電圧 V_c の和が加わるときがある.このため抵抗 R_2 を接続して NOT_2 を保護している.発振周波数 f は,$V_T = 0.5 V_{DD}$ として式 (10.20) を用いて以下のように計算できる.

$$f = \frac{1}{T} \fallingdotseq \frac{1}{2.2RC} = \frac{1}{2.2 \times 50 \times 10^3 \times 0.3 \times 10^{-6}} \fallingdotseq 30.3\,\mathrm{Hz}$$

10.4 非安定マルチバイブレータ回路:0,単安定マルチバイブレータ回路:1,双安定マルチバイブレータ回路:2

10.5 式 (10.28) と式 (10.34) を用いて計算する.

$$V_1 = \frac{R_1 + R_2}{R_2} V_T = \frac{2+5}{5} \times 2.5 = 3.5\,\mathrm{V}$$

$$V_2 = V_{DD} - \frac{R_1 + R_2}{R_2}(V_{DD} - V_T) = 5 - \frac{2+5}{5}(5 - 2.5) = 1.5\,\mathrm{V}$$

10.6

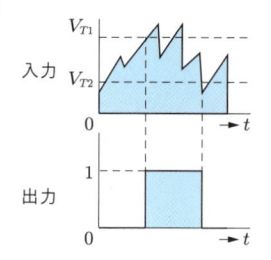

10.7 この回路は，図 10.29 に示したクリッパ回路に，極性を逆にしたダイオードと電源を接続してある．このため，下図のように入力波形の正と負の両方を制限するように動作する．この回路は，リミッタ (limiter) 回路とよばれる．V_{D1} と V_{D2} は，それぞれのダイオードの順方向電圧である．

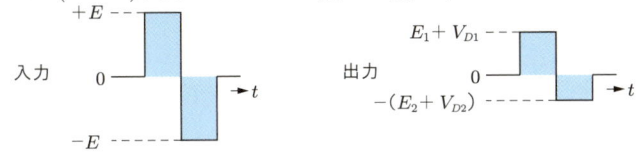

第11章

11.1　$I = 0 + 4 + 2 + 0 = 6\,\mathrm{mA}$

11.2

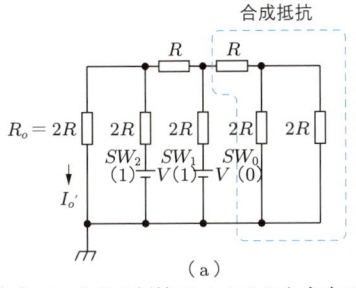

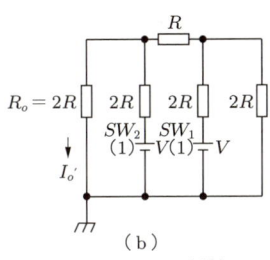

図 (b) で，上部の抵抗 R からみると左右の回路が対称になっているため，抵抗 R には電流が流れない．$I'_0 = \dfrac{V}{4R}$，式 (11.2) より $I_0 = \dfrac{V}{24R}$，よって $I'_0 = 6I_0$．

11.3　電流加算型：簡単な回路で実現できるが，精度の高い多種類の抵抗が必要となる．
はしご型：R と $2R$ の 2 種類の抵抗によって構成できる．
抵抗分圧型：デコーダが必要なため回路がやや複雑になるが，精度がよい．

11.4（1）標本化を行う時間間隔 Δt を長くすることによって，もととは異なる波形が得られてしまう現象．
（2）信号が含んでいる最大周波数の 2 倍以上の周波数で標本化を行えば，もとの信号を完全に再現できることを示す定理．
（3）量子化において，もとの情報を正確に保持しようとすれば，多くのビット数を使った処理が必要になる．しかし，現実にはある有限のビット数しか使用できないため，必ず生じてしまう誤差のこと．

11.5（1）A-D 変換において，変換中に対象とするアナログ信号の値を一定に保持しておく．
（2）入力電圧 v_i の変動に対しては十分短く，コンデンサ C の充電に対しては十分長い時間にすることが要求される．

11.6

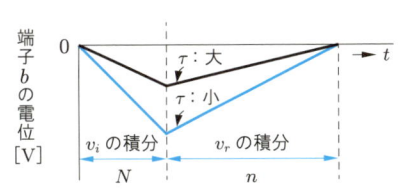

τ の変化は，積分時間に影響しない．このため，C と R の誤差は変換精度に悪影響を及ぼさない．

11.7

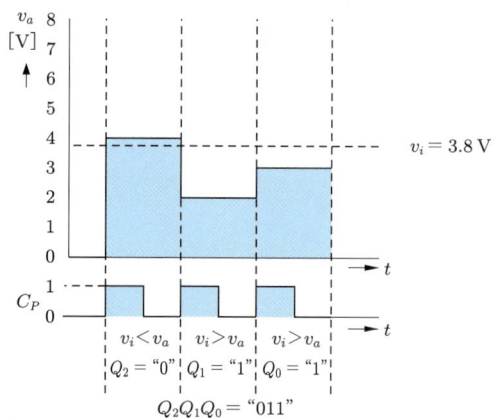

v_a [V], waveform with values and $v_i = 3.8\,\text{V}$; C_P pulse train; annotations: $v_i < v_a$, $Q_2 = \text{"0"}$; $v_i > v_a$, $Q_1 = \text{"1"}$; $v_i > v_a$, $Q_0 = \text{"1"}$; $Q_2 Q_1 Q_0 = \text{"011"}$

11.8 (1)

A_6	A_5	A_4	A_3	A_2	A_1	A_0	D_2	D_1	D_0
0	0	0	0	0	0	0	0	0	0
0	0	0	0	0	0	1	0	0	1
0	0	0	0	0	1	1	0	1	0
0	0	0	0	1	1	1	0	1	1
0	0	0	1	1	1	1	1	0	0
0	0	1	1	1	1	1	1	0	1
0	1	1	1	1	1	1	1	1	0
1	1	1	1	1	1	1	1	1	1

(2) $D_2 D_1 D_0 = \text{"011"}$

11.9 二重積分型:簡単な回路で精度よい変換が行えるが,長い変換時間を要する.
逐次比較型:二重積分型よりも高速に動作するが,誤差が大きい.並列比較型:高速な変換が行えるが,多くのコンパレータが必要となる.

第12章

12.1

比較項目	汎用ディジタルIC	マイコン	ASIC	PLD
機能変更		○		○
部品数		○	○	○
開発期間	○	○		○
動作速度	○		○	○
開発コスト(少量)	○	○		○
開発コスト(大量)			○	

12.2 (1) PLD   (2) PLD   (3) PLD   (4) ASIC   (5) ASIC

12.3 (1) CPLD:小規模〜中規模程度,FPGA:中規模程度〜大規模   (2) 同等
(3) CPLD:保持できる,FPGA:保持できないのでコンフィグレーションROMを併用する
(4) 同等

12.4 HDLは,ハードウェア構成を設計するための言語であり,CなどのプログラミングÈ語はCPU上で動作するプログラムを記述するための言語である.

12.5 (a) の C プログラムは，記述されているコードを上から順に実行する．(b) の Verilog HDL は，3 行のコードを同時に実行すると考えることができる．このため，コードの記述順序をどのように入れ替えても，下図のような論理回路が生成される．このような Verilog HDL のコードを**ノン・ブロッキング** (non blocking) **文**という．

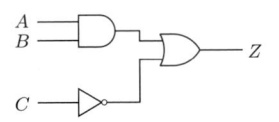

12.6 構造記述は，回路を論理式で表現するのと同様の記述法である．また，動作記述は，回路の動作をもとにコードを記述する方法である．動作記述は，たとえば真理値表や動作表に基づいた記述であるため，構造記述に比べてより簡単に回路を表現することができる．

12.7 設計した回路の入出力端子を使用する PLD の端子に割り当てる．

12.8 論理シミュレーションは，回路の論理的な動作のみを検証する．一方，遅延シミュレーションは，使用する PLD のデータを用いて，伝搬遅延時間などを考慮した動作を検証する．このため，遅延シミュレーションは，現実により近い動作検証ができる．

参考文献

1. 高橋寛：論理回路ノート，コロナ社，1979
2. 当麻喜弘：パルス技術入門，丸善，1974
3. 伊東規之：電子回路計算法，日本理工出版会，1983
4. 藤井信生：ディジタル電子回路，昭晃堂，1987
5. 浅井秀樹：ディジタル回路演習ノート，コロナ社，2001
6. 米山寿一：新版 図解 A/D コンバータ入門，オーム社，1993
7. 堀桂太郎：ディジタル電子回路の基礎，東京電機大学出版局，2003
8. 堀桂太郎：絵とき ディジタル回路の教室，オーム社，2010
9. 堀桂太郎：オペアンプの基礎マスター，電気書院，2006
10. 堀桂太郎：図解 Verilog HDL 実習，森北出版，2006
11. 堀桂太郎：図解 VHDL 実習 第2版，森北出版，2009

索　引

英数先頭

10 進数	1
16 進数	1
1 の補数	7
2 進化 10 進数	9, 60
2 進数	1
2 の補数	7
3 ステートバッファ	15
54 シリーズ	41
74HC04	42
74HC08	42
74HC279	84
74HC32	42, 84
74HC4072	84
74HC74	42
74 シリーズ	41
7 セグメント LED	61
φ	63
A-D 変換器	129
AND	12
AND ゲート	38
ASIC	142
BCD	9, 60
BiCMOS	41
CMOS	40
CPLD	143
CPU	142
D-A 変換器	129
don't care	63
D フリップフロップ	76
EX-NOR	14
EX-OR	14
FA	51
FPGA	143
FS	53
HA	50
HDL	144
HS	53
JIS	12
JK フリップフロップ	73
JTAG	147
LSB	3
MIL	12
MSB	3
NAND	14, 20
NOR	14
NOT	12
NOT ゲート	38
OR	12
OR ゲート	38
PAM	134
PLD	142, 143
RS フリップフロップ	69
SRAM	144
SR フリップフロップ	69
SystemC	146
SystemVerilog	146
TTL	40
T フリップフロップ	78
Verilog HDL	145
VHDL	144

あ 行

アップエッジ型	75
アップカウンタ	86
アノードコモン	61
アルミ電解コンデンサ	48
一致回路	35
エイリアシング	134
エッジトリガ型フリップフロップ	75
エンコーダ	58
演算の優先順位	15
オートマトン	103
オープンコレクタ	47
オープンドレイン	47
オペアンプ	140

か 行

カウンタ	85
加減算回路	57
加重抵抗	129
仮想短絡	129, 141
可聴周波数	135
加法標準形	23
カルノー図	25
緩衝増幅器	136
偽	18
記憶	68
記憶回路	103
基数	2
基数変換	3
機能変換	80
キャリールックアヘッド型並列加算回路	55
吸収の法則	18, 19
禁止	72
矩形波	113
組み合わせ回路	50, 103
クランパ回路	127
クリア	79
クリッパ回路	126
クロックパルス	73
クワイン・マクラスキー法	31
詳しい状態遷移表	106
桁	2
結合の法則	19
ゲート回路	15
減算	9
交換の法則	19
構造記述	146
恒等の法則	19
公理	19
コンパレータ	35, 137
コンフィグレーション ROM	144
コンプリメンタリ回路	39

さ 行

最下位ビット	3
最上位ビット	3
最小項	31
算術演算	12
サンプル・ホールド回路	135

閾値電圧	44
次元解析	114
自己スタート機能	99
自己補正型	99
時定数	114
自動販売機	109
シフトレジスタ	97
周期	113
縦続接続	97
周波数	113
主項	31
出力関数	103
シュミット回路	122
循環小数	6
順序回路	50, 103
小数部の基数変換	5
状態機械	103
状態数	111
状態遷移関数	103
状態遷移図	104, 105
状態遷移表	104–106, 108
状態割り当て	110
状態割り当て表	105
乗法標準形	24
ジョンソンカウンタ	99
シリアル	55, 64
真	18
真理値表	13
吸い込み電流	45
推奨動作条件	42
スイッチ回路	13
スイッチング	39
スイッチング特性	43
スライサ回路	126
スレッショルド電圧	44
正論理	16
積分回路	115
積和形	23
絶対最大定格	43
セット	69, 72
セット動作	79
セラミックコンデンサ	48
全加算器	51
全減算器	53
専用 IC	142
双安定	117
双安定マルチバイブレータ回路	121
増幅	38

た 行
タイムチャート	68
ダウンエッジ型	75
ダウンカウンタ	86
ダウンロード	147
立ち上がり時間	43
立ち下がり時間	43
単安定	117
単安定マルチバイブレータ回路	119
遅延回路	103
遅延シミュレーション	147
逐次比較型 A-D 変換器	138
置数器	54
チャタリング	124
直列加算回路	54
抵抗分圧型 D-A 変換器	132
ディジタル IC	38
デコーダ	58, 62
デマルチプレクサ	64
デューティ比	113
電子サイコロ	148
電子サイコロ回路	101
伝達遅延時間	41, 43
伝搬遅延時間	41
電流加算型 D-A 変換器	129
同一の法則	19
同期型	80
同期式	86
同期式カウンタ	93
動作記述	146
動作表	65, 70
特性表	70, 95
特性方程式	70, 73, 76, 79, 95
ド・モルガンの定理	19
トライステートバッファ	15
ドント・ケア	63

な 行
二重積分型 A-D 変換器	136
ネガティブエッジ型	75
ノイズ	87, 124
ノイマンの全加算器	54
ノン・ブロッキング文	167

は 行
ハイインピーダンス	15, 44
配置配線	147
バイト	2
バイパスコンデンサ	48
ハイレベル	17
吐き出し電流	45
波形整形回路	126
ハザード	104, 155
はしご型 D-A 変換器	130
パスコン	48
バーチャルショート	141
発振	74
バッファ	136
バッファ回路	15
ハードウェア記述言語	144
早押し判定回路	82
パラレル	55
パリティチェック	36
パルス	113
パルス振幅変調	134
パルス幅	113
半加算器	50
半減算器	53
汎用ディジタル IC	41
汎用ロジック IC	41, 142
非安定	117
非安定マルチバイブレータ回路	117
ヒステリシス	124
ヒステリシスループ	124
ビット	2
非同期型	79
非同期式	86
非同期式カウンタ	85
微分回路	114
評価ボード	147
標本化	134
標本化時間	134
標本化周波数	134
標本化定理	134
ファミリ	41
ファンアウト	46
ファンイン	46
フィードバック接続	68
復元の法則	19
符号化	135
負の数	8
フラッシュ A-D 変換器	139
フラッシュメモリ	144
プリスケーラ	91
プリセット	79

フリップフロップ	68
プルアップ抵抗	45
ブール代数	18
プルダウン抵抗	45
ブレーク接点	13
プログラマブルロジックデバイス	142
負論理	16
分周	91
分配の法則	19
ベイチ図	25
並列加算回路	55
並列比較型 A-D 変換器	139
ベン図	17
方形波	113
補元の法則	19, 31
保持	71
ポジティブエッジ型	75
補数	7

ま 行

マイクロコンピュータ	142
マスタスレーブ型	74
マルチバイブレータ	117
マルチプレクサ	64
丸め誤差	6, 10
ミラー積分回路	116, 136
ミーリー型	103
ムーア型	103
モデル変換	111

や 行

有限オートマトン	103

ら 行

ラッチ	68
リセット	69, 71
リセット信号発生回路	89
リセット動作	79
リプルキャリー型並列加算回路	55
量子化	135
量子化誤差	135
リングカウンタ	98
励起表	80
レジスタ	54
レーシング	74
ローレベル	17
論理圧縮	20
論理演算	12
論理合成	147
論理式	15
論理シミュレーション	147
論理素子	15
論理変数	13
論理レベル	44

わ 行

ワイヤード AND	47
ワイヤード OR	47

著者略歴

堀　桂太郎（ほり・けいたろう）
　千葉工業大学工学部電子工学科卒業
　日本大学大学院理工学研究科博士前期課程電子工学専攻修了
　日本大学大学院理工学研究科博士後期課程情報科学専攻修了
　博士（工学）

　現在，国立明石工業高等専門学校　名誉教授
　　　　神戸女子短期大学　総合生活学科　教授

〈主な著書〉
　図解 PIC マイコン実習　第2版（森北出版）
　図解 コンピュータアーキテクチャ入門　第2版（森北出版）
　絵とき ディジタル回路の教室（オーム社）
　絵とき アナログ電子回路の教室（オーム社）
　よくわかる電子回路の基礎（電気書院）
　PSpice で学ぶ電子回路設計入門（電気書院）
　オペアンプの基礎マスター（電気書院）
　ディジタル電子回路の基礎（東京電機大学出版局）
　アナログ電子回路の基礎（東京電機大学出版局）

編集担当　丸山隆一（森北出版）
編集責任　石田昇司（森北出版）
組　　版　藤原印刷
印　　刷　同
製　　本　同

図解 論理回路入門　　　　　　　　　　　　　　© 堀桂太郎　2015

2015 年 7 月 17 日　第 1 版第 1 刷発行　【本書の無断転載を禁ず】
2025 年 2 月 10 日　第 1 版第 5 刷発行

著　　者　堀桂太郎
発 行 者　森北博巳
発 行 所　森北出版株式会社
　　　　　東京都千代田区富士見 1-4-11（〒102-0071）
　　　　　電話 03-3265-8341 ／ FAX 03-3264-8709
　　　　　https://www.morikita.co.jp/
　　　　　日本書籍出版協会・自然科学書協会　会員
　　　　　JCOPY ＜（一社）出版者著作権管理機構　委託出版物＞

落丁・乱丁本はお取替えいたします．

Printed in Japan ／ ISBN978-4-627-85301-0